愛犬造型魔法書

讓你的寶貝漂亮一下

愛犬造型魔法書

讓你的寶貝漂亮一下

CONTENTS

第3單元 服飾配件妝美麗

第4單元
賣力演出的模特兒群 ...107

推薦序

　　動物醫院的急診室通常會出現一批嬌客，牠們不是吃壞肚子，也不是染上什麼急性病症，而是得了「美容症候群」－也就是主人在用剪刀幫愛狗或愛貓剪毛時，一不小心剪刀上身，造成嚴重程度不一的刀傷。

　　這些「愛之適足以害之」的例子還包括了：因為洗澡或是清理耳朵的方式不當，造成耳朵發炎，例如貴賓、雪納瑞的耳毛必須拔除卻沒有拔除，或是使用了成分不當的洗毛精，造成眼睛過敏紅腫.....等。

　　作為一個專業的動物醫師，許多人常常請教我有關寵物保健的問題，我想，寵物飼主應該牢記、也是最重要的一個守則就是：「狗狗(貓咪)和人類不一樣」。

　　例如狗狗所需要的營養和人不一樣；狗狗需要專用、純天然而無傷害的洗毛精；狗狗的毛髮濃密而容易打結，需要定時梳理、並保持通風乾爽；來自熱帶的狗狗可能會樂於在冬季穿上冬衣，但來自寒帶的狗狗便可能不需要，甚至會感到不適。諸如此類的事情發生。

　　簡單地說就是：「愛牠，就該先了解牠的需要。」同樣的，當讀者翻閱這本書，想要學習其中的美容常識時，一定要先確定自己在工具使用方面的熟練度（尤其是剪毛工具），以及是否真的能在不會誤傷狗狗的情況下，完成各種簡易甚至是高難度的修剪動作。

　　就愛狗的角度來說，我當然樂見每個主人將自己的狗狗打理得乾淨、漂亮，而就健康、安全的角度而言，我更希望飼主能多請教專業美容師與醫師，或者進一步去接觸專業美容課程後，再自己動手為寵物清洗、做造型。

　　最重要的是，在保護狗狗、貓咪的前提下，達成美觀的造型效果。
　　祝福每隻狗狗都能健健康康、漂漂亮亮，每位飼主，都能了解狗狗心，成為貼心又開心的好主人！

太僕動物醫院外科主任　　　　　　　醫師

推薦序

　　不知不覺，踏入犬貓美容界已屆滿13年，最初只是因為自己養狗、愛狗，所以開始接觸相關資訊。當時國內的寵物美容風氣不像今天這般盛行，相關資訊也沒有這麼容易取得，因此我除了參考日本、歐美的寵物美容雜誌，甚至到國外取經，並引進國內少見的純天然洗狗精，當時學習的過程讓我領略到寵物美容業的技術面與學問，其實相當有趣而精深，也就自然而然踏入專業領域。

　　和歐美國家相較之下，台灣的寵物業在這十幾年進步幅度相當大，但在營利為主要考量的經營風氣下，在技術面上仍有加強的空間。從事寵物美容與造型教學多年的經驗讓我發現，許多人經營寵物美容店時比較容易遇到的困難是技術難以突破，或是因為工作繁雜而產生的倦怠感。

　　我相信許多有心研究寵物造型、甚至想要發展個人專業的朋友們，都是很有愛心、很愛小動物，才會對寵物美容產生興趣，如果真的想要學習寵物造型，我個人有以下三點建議：

1.學會與狗狗溝通的藝術，把狗狗當成小孩子，在牠吵鬧時要能包容、安撫，並且適當引導。

2.對專業要有熱誠，能不斷在技術面上加強，提升自己，不以速成的心態去學習才能

學習到寵物美容的要訣。

3.要有耐心、愛心，以及不怕吃苦的心。

　　尤其是第一點，因為其中包括了對寵物的理解與體貼。像是許多主人在幫狗狗打理造型時，都會想要作出一些特別或是難度高的造型，事實上，造型的目的除了要花俏炫目，更重要的是讓狗狗感覺舒適，所以，我為本書所設計的造型也多以清爽自然為主，其主要目的就是為了讓狗狗能輕鬆的展現美麗姿態，因此，在變化造型和設計造型時，也應該以狗狗的健康舒適為第一考量。

　　寵物美容是一門看來辛苦，實則趣味無窮的學問，十餘年來，我所訓練的美容團隊打理過超過數萬隻次的狗狗造型，也曾在許多大賽中獲獎。許多人會好奇我們有什麼訣竅，其實說穿了也就是愛心、耐心，以及不斷提升美容方面的專業素養與技術。

　　這本書對於有心學習專業技能或是想要自己幫愛犬打理門面的讀者而言，是相當好的入門指引，讓讀者能從深入淺出的介紹中，獲得關於寵物美容的基本知識。

　　希望這本書能讓更多愛狗人對寵物美容有進一步的正確了解，也讓更多狗狗能天天清爽、美麗又健康。

中華民國畜犬協會美容委員及審查員
吳老師美容學苑負責人
寵物美容專業教師級講師

讓你的狗兒
漂亮一整年

「清潔」是寵物美容不可或缺的要素！
正確的清潔保養工作，
能讓狗狗擁有亮麗的毛髮、牙齒與趾甲，
自然而然散發健康魅力！

狗狗清爽 有魅力

梳出柔亮毛色

示範：吳星慧老師

在梳毛的同時，飼主可以順便檢查狗狗是否有異常脫毛狀況？並觀察狗狗的皮膚是否健康？有無異常皮屑脫落？或是感染跳蚤等寄生蟲等狀況。

按時且正確的為狗狗梳理毛髮，除了能達到清潔的效果，更能為狗狗作個簡單的健康檢查，因此，如果每日為心愛的狗狗梳理毛髮，不僅能兼顧狗狗的健康，更能拉近人狗之間的關係，使狗狗與主人更加親近喔！

狗兒的毛髮每天都會隨著新陳代謝而脫落，因此就需要靠主人每天細心的梳理，利用梳毛的動作清理掉壞死的毛髮，能使狗狗皮毛保持清爽、乾淨。

正確的梳毛動作不僅能刺激毛髮新陳代謝，也能夠按摩狗狗的皮膚，藉由皮脂腺分泌出的油脂自然潤澤、強健毛質、讓狗狗的毛色更富有光澤。尤其是長毛狗毛量多、容易脫毛，更需要每日細心的梳理與照護。

主人的細心清理，可以使狗兒更乾爽舒適。

每日細心幫狗狗梳理毛髮，可以增進彼此的感情喔！

秋天氣溫漸漸降低，狗兒進入第二次換毛週期，此時應該遵循春季換毛的方式，必須每天按時為狗狗梳毛、清理。

經歷了春秋兩季的換毛期、以及夏天的酷熱氣候，在冬天時，需要注意的是狗狗的保溫，尤其是短毛狗，更需要保暖的環境。

狗狗毛髮的生長情形會隨著四季天候、氣溫的變化而有所不同。細心的主人應該會發現，隨著春天到來、氣溫升高，狗狗的毛也就掉得越多。

這是由於春季是狗狗的換毛期，舊的毛髮與角質皮屑也會脫落。因此，在春季換毛期時，應該更注意為小狗梳理毛髮，並藉由梳毛的動作促進俗稱「冬毛」的舊毛順利脫落，並順便刺激毛孔，促進新毛髮、也就是俗稱的「夏毛」生長。

夏季時，長毛狗容易因為出汗而造成毛髮打結、或是因為悶熱而引發的皮膚病，如果飼主居住的環境氣溫偏高、或是容易悶熱，不妨將狗狗送去美容店，設計一個清爽俏麗的造型。

夏天時為長毛狗換個短毛造型，清爽又方便打理。

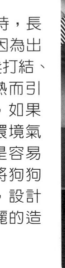

換季時多多為愛犬梳毛，有助於舊毛脫落、幫助新毛生長。

梳毛工具 〉〉〉〉〉〉

板狀的針梳，梳柄與四方形的梳身呈30度、方形的梳身上佈滿針狀梳齒，每根梳齒呈「ㄑ」字型彎曲，其功能是能在梳毛時讓針狀梳齒能抓住毛根，並利用細密的梳齒將毛髮梳開。

針梳的正確使用方法是，一手按住狗身，並順勢撥開狗狗的毛，另一手持梳柄，順著狗狗毛髮生長方向，以梳體與狗身平行的方式，由毛根刷到毛尾。

針梳

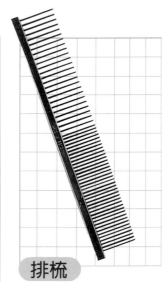

排梳

排梳的功能在梳順毛髮，尤其適用於梳理長毛狗毛髮、以及梳理短毛狗的頭頂周圍。

排梳的正確使用方法是，一手按住狗狗、一手持排梳，讓梳面與狗狗身體呈45度角，並順著毛髮生長方向從毛根梳到毛尾。

除了一般的排梳之外，也有一端梳齒較密，另一端較疏的設計，其設計用意是方便飼主先用寬的那一端將狗狗毛髮梳開，再用密的那一端將毛梳整齊。

木製板梳的功用與針梳相似，適用於毛髮較多層的長毛狗。

板梳的正確使用方法是，一手按住狗身，並順勢撥開狗狗的毛，另一手持梳柄，順著狗狗毛髮生長方向，以梳體與狗身平行的方式，由毛根刷到毛尾。

挑選木製板梳時，可將梳齒按在手掌上試試梳齒是否太過銳利，不會有刺痛感者為佳。

木製板梳

DOG'S

圖解步驟 〉〉〉〉〉〉〉〉

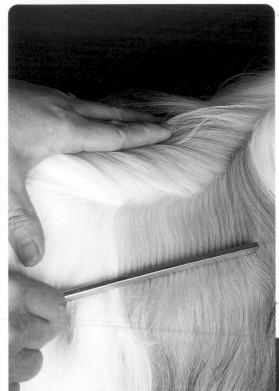

手勢

注意「一手掀開被毛、一手順毛生長方向梳理的訣竅」，徹底將狗身每個部分都梳理清爽、並且確實檢查毛根有無打結。剛開始梳理時，力道要稍微放輕，以免拉扯到打結的狗毛，或是傷到心愛狗狗的皮膚。

檢查皮膚

每天按時幫狗狗梳理毛髮，並且藉由梳毛的動作，為狗狗檢查有無皮膚病或是跳蚤等病徵。

容易打結的部位

耳後、腋下以及後腿等部位，比較不方便梳理、容易打結。因此梳理時要特別注意。

〉〉〉〉〉〉

一般毛質較粗硬的短毛狗或大型犬，需先使用針狀梳齒的板梳整理身體毛髮，頭部附近較細而短毛髮，則以排梳梳理。

毛質較細、僅有單層體毛的長毛狗，如馬爾濟斯，或是全身體毛呈直立生長的貴賓狗，則適用梳針較軟而細的板梳，將毛梳順後，再以排梳梳整出想要的毛髮造型。

毛層多而厚的長毛狗如西施犬、博美犬，需以木製板梳以逆毛髮生長方向將毛梳開。

★★當狗狗大量掉毛時★★

　　如果遇到春、秋兩季狗狗換毛期間，狗狗掉毛量增加是正常的現象，不需要太緊張，只要記得每天幫狗狗梳理毛髮即可。

　　如果希望自己的愛犬毛質更加光鮮亮麗、閃閃動人，可以請教專業獸醫師，為狗狗選擇適合的狗食、營養補給品，或是具有強健毛質功能的洗劑、護毛劑，為狗狗洗出更健康亮麗的毛色。

　　毛髮狀況好壞，是判斷狗狗健康情況的重要方式之一，如果狗狗突然出現異常的掉毛或毛質變差等情況，可能是因為內分泌失調、皮膚病或是體外寄生蟲等原因所導致，應該盡快帶狗狗去看醫生。

美齒大作戰

示範 吳星慧老師 ＞＞＞＞＞＞＞＞

定期為狗狗刷牙可以預防牙齒疾病

狗狗跟人一樣，有乳牙期、換牙期，以及牙齒成熟期。

幼犬在第3～6個月的成長期時，會開始換牙，在這段期間內乳牙會脫落，並長出成犬齒。牙齒發育成熟的成犬，上顎共有20顆牙齒、下顎則有22顆。

由於飲食習慣與牙齒結構不同，與人類相較下，狗狗得蛀牙的機率比較小，但這並不表示不需要為狗狗作牙齒清潔工作喔！

要注意的是，雖然蛀牙機率比較低，但是狗狗罹患牙結石以及牙齦疾病的機會卻相當大，因此日常的清潔工作是相當重要的喔！

每兩星期固定給狗狗清潔一次牙齒，是保養狗狗牙齒必要的例行工作。

進行清潔時，可以利用兒童牙刷、或是狗狗專用牙刷，搭配狗專用的牙膏。也可以用手指持小塊紗布，沾上溫水後，徹底擦拭狗狗的牙齒。另外，定期帶狗狗去給醫生檢查牙齒，請醫生為狗狗洗牙、清除牙結石，更能預防慢性口腔疾病的產生。

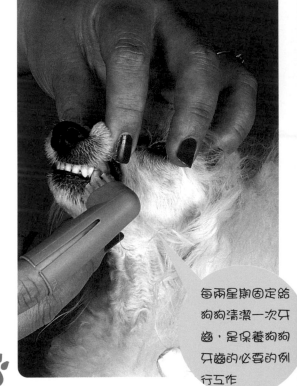

每兩星期固定給狗狗清潔一次牙齒，是保養狗狗牙齒的必要的例行工作

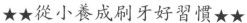

★★從小養成刷牙好習慣★★

　　大部分的狗狗對於刷牙這件事都會有點排斥。面對不愛刷牙的狗狗，主人必須在刷牙時要耐心勸哄，以免狗狗太過緊張。

　　由於幼犬對新事物的接受度比成犬高，最好在狗狗小時候就訓練牠養成刷牙的習慣，這樣狗狗自然就不會那麼緊張了。

我牙齒痛所以沒辦法吃零食了！

工具介紹

　　為了保護狗狗的牙齦，中小型犬所用的牙刷刷毛，比一般成人使用的要軟而細，也有人用兒童用牙刷幫狗狗刷牙。

　　牙刷指套的好處是能確實刷到牙齒各部位，並能利用手指的力量，把狗狗的嘴巴撐開，便於清潔。

牙刷指套

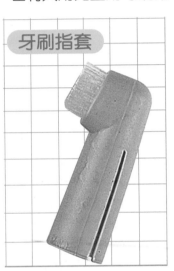

牙齦按摩指套

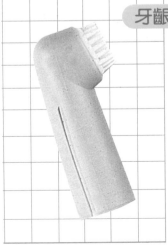

　　利用橡膠乳突狀刷齒按摩牙齦，達到口腔保健的功能。

狗專用牙膏 〉〉〉〉〉〉〉〉〉

　　雖然同樣是牙膏，但一般人所使用的牙膏泡沫不可吞食，但是狗專用的牙膏在刷牙後隨著飲水或進食的動作後，可以直接讓狗狗吞下肚，完成清潔的工作，而牙膏口味也是狗狗比較能接受的味道，讓狗狗刷完牙後自然的將牙膏吃掉。對於無法像人一樣用水漱口的狗狗來說，有了狗用牙膏，一切沒問題。

　　狗狗在進食時主要是運用前排兩側的犬齒在嚼食，因此犬齒特別容易留下污垢或形成牙結石，為狗狗刷牙時，應特別注意清潔犬齒的齒縫齒槽。

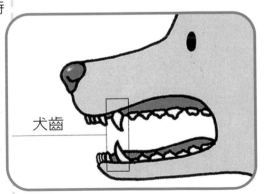

犬齒

SET DO

不愛刷牙？就啃玩具吧！

足球造型的玩具，滾來滾去，很容易引起小狗的興趣。

如果想要保持狗狗牙齒健康，在飲食方面，平時以乾飼料餵食狗狗，能讓狗狗藉由咀嚼的動作達到牙齒保健的功效，餵食罐頭時，在其中加入少許乾飼料，也能達到效果。

彩色繩子造型的玩具，拿來逗弄小狗很有趣。

另外，有些飼主會將燉過高湯的大根牛骨頭給狗狗，讓牠邊啃邊吃。但如果讓小狗吃進過多的骨頭，可能會發生消化不良或是便秘的情形，所以不能給牠太多的骨頭。更要注意的是，千萬不可以讓狗吃雞骨、鴨骨或是豬腳骨之類堅硬、銳利的骨頭，以免刺傷腸胃道。

飼主也可以為狗狗準備以牛皮製成的潔牙骨，或是狗狗專用的橡膠或布製玩具，讓狗狗在啃啃咬咬的同時，一方面潔牙，又能同時滿足狗兒想磨牙的慾望。

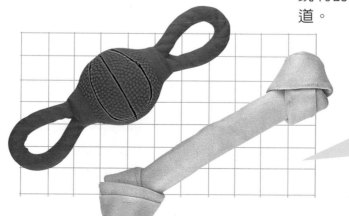

橡膠做的玩具，可以在啃咬的過程中，讓小狗滿足想磨牙的慾望。

正確動作介紹

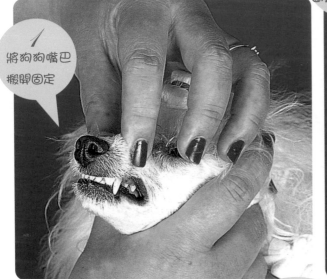

1 將狗狗嘴巴撥開固定

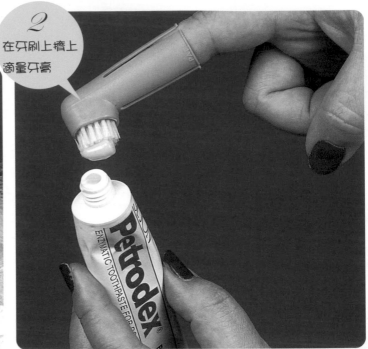

2 在牙刷上擠上適量牙膏

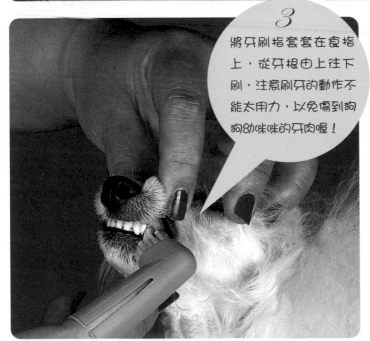

3 將牙刷指套套在食指上，從牙根由上往下刷，注意刷牙的動作不能太用力，以免傷到狗狗幼咪咪的牙肉喔！

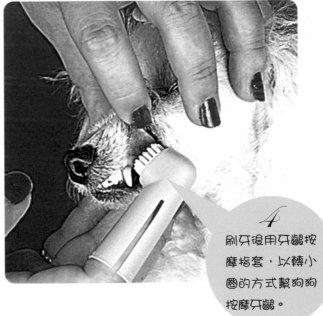

4 刷牙後用牙齦按摩指套，以轉小圈的方式幫狗狗按摩牙齦。

千里耳養成祕方 SET DO

示範：吳星慧老師

>>>>>>>

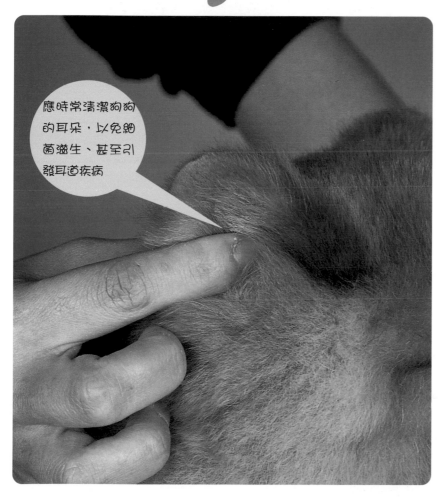

應時常清潔狗狗的耳朵，以免細菌滋生、甚至引發耳道疾病

狗狗的聽覺相當靈敏，能聽到細微的聲音，也能聽到許多人類所聽不到的高頻音。想讓狗狗擁有一對靈敏健康的千里耳，就應該定期檢查狗狗的耳朵是否有污垢，並且定期為牠清潔。

每隻狗狗的耳朵清潔與否，要視其的耳朵大小，以及健康狀況而定，並視其需要為其進行耳朵清潔工作。

當狗狗出現以下症狀時，可能代表牠的耳朵生病囉！要盡快帶狗狗去給醫生檢查：

★時常甩頭或是歪頭
★耳朵的聽力變差了
★時常用腳搔耳朵
★耳朵發出臭味或耳內分泌物異常增加
★耳朵有紅腫化膿或出血跡象

幫 狗 狗 拔 耳 毛 〉〉〉〉〉〉

　　長毛犬的耳朵內通常會長出長長的耳毛，污垢會附著在耳毛上，造成發炎或耳道疾病，因此需要定期拔除。如果飼主對清理耳朵的工作夠熟練，狗狗也很配合，可以自行在家進行拔毛的工作，反之則建議也可以請醫生或是寵物店的專業美容師為狗狗拔耳毛。

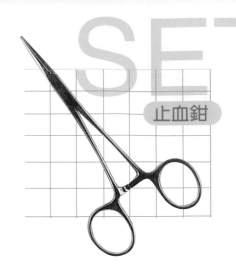

止血鉗

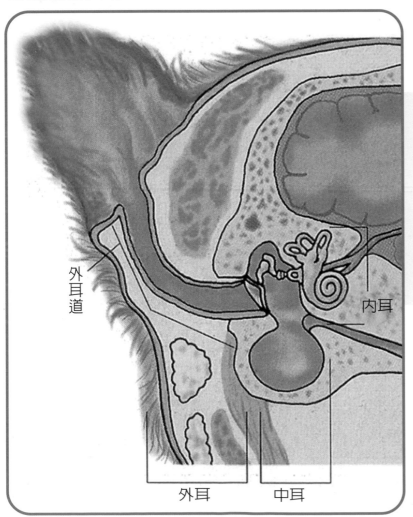

外耳道

內耳

外耳　　中耳

★★狗的耳道★★

狗的耳道和人一樣呈「L」字型，分泌物很容易附著在耳道彎處與外耳道的部位，如不定期清理乾淨，容易產生病變。清理耳道時可以將棉棒與耳道平行、直接清理到底部，但清潔的動作還是要輕柔，免得傷到狗狗的耳道。

★★如何預防耳道疾病★★

1. 防止耳道積水：狗狗洗澡或是玩水時，可以在狗狗耳朵內塞入棉花，以免進水。
2. 不要讓異物掉進狗耳朵：為狗狗清耳朵時如使用棉花棒，要檢查棒頭是否容易脫落，如果掉進耳道，要趕快找醫生處理。
3. 定期為狗狗拔除耳毛、清理耳朵，以免細菌感染。

步驟 **1** 　將狗狗的耳朵翻開、用手壓住，讓耳道內的毛能清楚露出來。

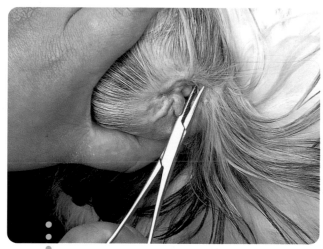

步驟 **2**

用止血鉗夾住耳毛靠近根部的位置，將其拔除。注意動作要輕緩，以免傷到狗狗耳朵。拔完耳毛即可進行清潔外耳道的動作。

清 外 耳 道 〉〉〉〉〉〉〉〉〉〉

止血鉗、藥用棉花、耳清潔液

如使用棉花棒,需事先用手檢查棒頭是否容易脫落。專業藥用棉花棒比一般棉花棒棒頭更為牢固。

步驟 3

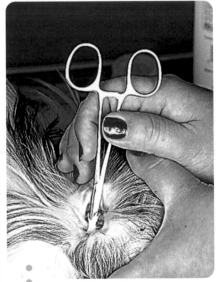

如果狗狗耳內污垢量較多,可先灑適量的耳清潔液於狗狗的耳朵內,再將狗狗的耳朵蓋上,用手按摩耳朵底部(靠近頸部的那端),使清潔液充分浸潤耳道後,再進行清潔工作。

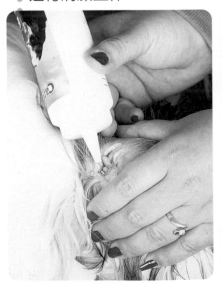

步驟 2

用棉團輕輕將耳道內的污垢擦拭乾淨,並於另一耳重複1-2的步驟。

步驟 1

撕下適量藥用棉花,一端用止血鉗夾緊,再將棉花在止血鉗頂端纏成棉棒狀將耳清潔液滴在棉棒上。

美甲DIY

<<<<<<<<<<< 示範：吳星慧老師

定期幫狗狗剪指甲，就可避免他不小心之下抓傷人。

定期幫狗狗剪趾甲，除了避免牠冷不防在家具、衣服、甚至客人的腿上留下一道熱情的抓痕外，其實真正的原因是狗狗的趾甲長得太長，會影響走路、活動，甚至可能倒刺進掌肉中導致發炎。

活動量大的大型犬，或是常在戶外自由的狗，趾甲在活動時自然而然就被磨短了，但如果活動量較低、養在戶內的狗狗，大概每個一兩個禮拜，就得檢查趾甲是否過長，需要修剪了。

狗 狗 指 甲 側 面 繪 圖

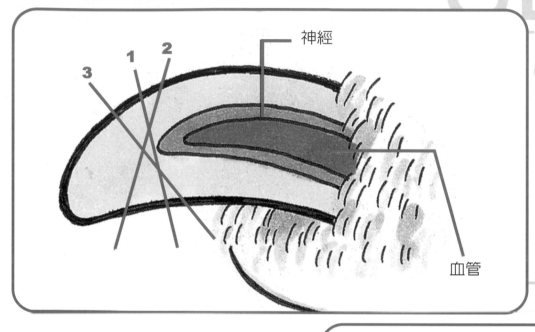

神經

3 1 2

血管

白趾甲的狗狗

趾甲呈半透明色澤，透過光線隱約可見紅色的血管。

剪趾甲時可採如圖三種角度，並注意不要剪到血管的部分。

黑趾甲的狗狗

趾甲呈黑色，看不到血管。因此，下刀的位置必須與腳掌平行，修剪掉趾甲尖端即可。

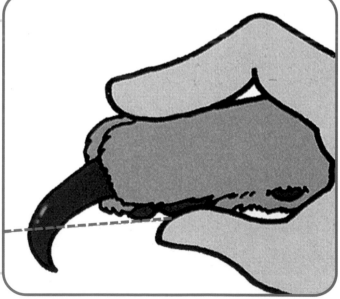

將狗狗的足部抓好，並仔細確認趾甲剪預定剪下的位置，以免狗狗因為緊張被趾甲剪剪傷。

確定位置後即可剪斷趾甲。如不熟練，建議可以先剪尖端，再漸進式的一點一點慢慢剪，比較安全。

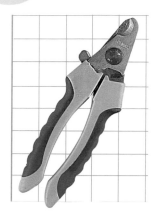

狗用趾甲剪

狗狗專用的指甲剪，上下刀鋒呈圓弧狀，不同於一般剪刀，能夠確實切斷狗兒的圓柱狀趾甲。

如果不小心剪到狗狗趾甲內的血管末梢，導致趾甲流血，應拿消炎藥擦在趾甲斷面，為其消毒。

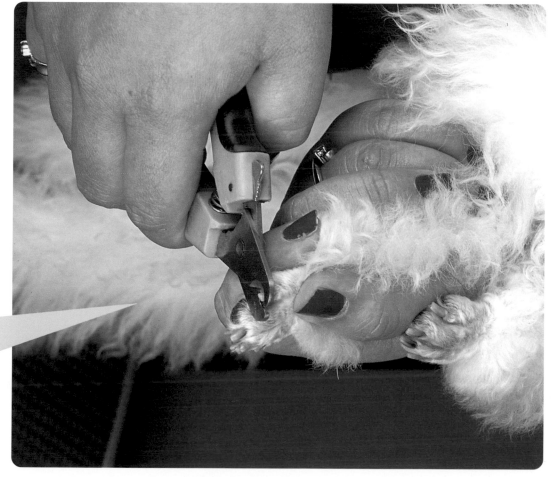

狗狗 美容澡

示範：吳星慧老師

幫狗狗洗澡對飼主來說是一門大學問。許多狗狗十分愛乾淨，洗完澡會覺得很開心，但是在上沖下洗左搓右揉的過程中卻總是要來場人狗大戰，這讓許多飼主寧願花錢消「災」，將狗狗定期送去寵物美容店洗澡。

一般大型犬或是毛量多、需要專業烘乾機器快速吹乾的犬種，送出去給專業人員洗澡確實比較適合，而不少中小型犬，選擇自己在家為狗狗洗澡，一是可以省下往返時間與金錢，二者洗洗刷刷時的親密互動，也能增進人犬之間的感情。

至於狗狗該洗幾次澡，則是因狗而異，有的狗狗排汗量大、毛質較油，或是長毛容易髒，有的狗狗則相反。飼主可以在每天梳毛時，檢查狗狗的皮膚情況，順便判斷狗狗是否該洗個香噴噴的美容澡了。基本上，只要洗澡方式正確，洗毛精質地佳、不引起過敏，多洗澡能夠讓狗狗皮膚的新陳代謝是很有幫助。

洗澡前的重要工作－擠肛門

　　肛門腺的位置在狗狗肛門旁兩側，其中的分泌物必須定期清潔，以免造成腺體堵塞。如果狗狗可能會在地上磨屁股，可能就是肛門腺沒清理乾淨的緣故。長期會造成狗狗屁股磨破、發炎，要特別注意。狗狗肛門腺的分泌物呈黃色有臭味，一般都是在洗澡前進行，擠完可立即用水沖洗。也可以事先準備衛生紙在旁邊，將分泌物擠出後立即擦乾淨。

步驟 1　將食指與中指以U字形的手勢，圈住肛門兩側。

步驟 2

手指略施壓力，往上推擠。

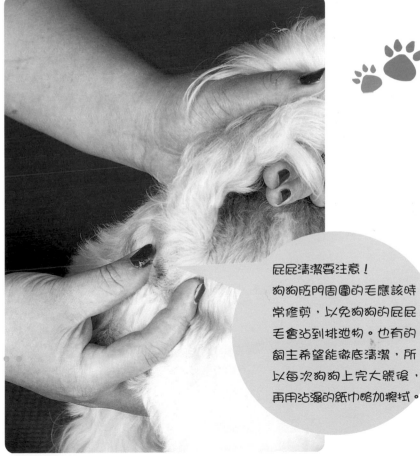

屁屁清潔要注意！
狗狗肛門周圍的毛應該時常修剪，以免狗狗的屁屁毛會沾到排泄物。也有的飼主希望能徹底清潔，所以每次狗狗上完大號後，再用沾濕的紙巾略加擦拭。

洗澡囉

工具：藥用棉花、洗毛精、毛巾、吹風機

搓洗部位順序

5 頭部
1 背部
4 屁股尾巴
2 腹部
3 腳

步驟 2

洗澡前將適量棉花塞進狗狗的耳朵中，以免造成狗狗耳道積水。

步驟 1

將全身毛髮梳順

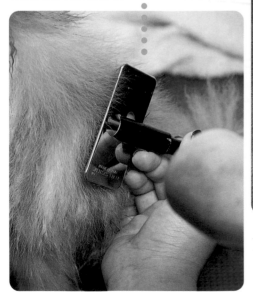

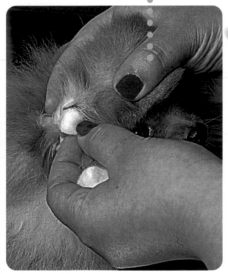

步驟 3

清耳朵

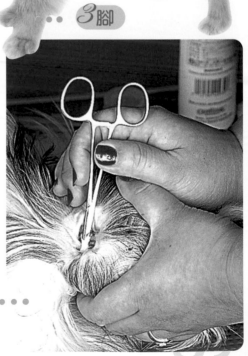

步驟 4

步驟 4

用手測試水溫，攝氏38度C左右是最理想的水溫。

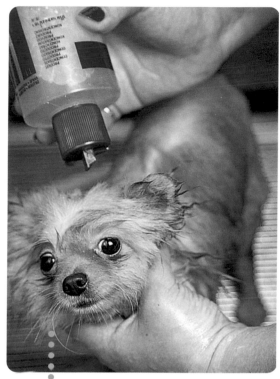

步驟 6　在狗狗全身倒上洗毛精。

步驟 5

將狗狗身上的毛徹底弄濕。把狗狗的臉抬高，以避免眼睛、鼻子進水。如果擔心水流進狗狗的眼睛，可以在狗狗眉毛上塗上一些凡士林。

步驟 8

腳縫部分特別注
意搓揉乾淨。

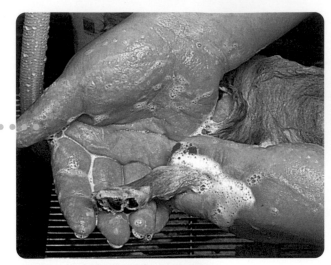

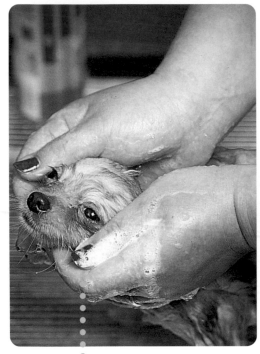

步驟 7 以指腹搓洗按摩
狗狗全身。

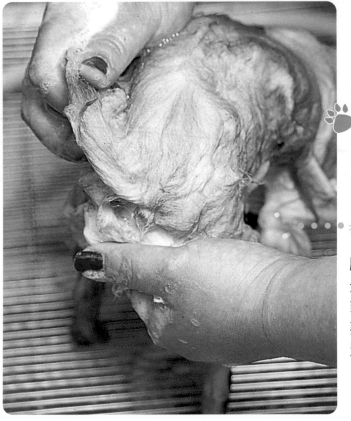

步驟 9

腋下、屁股部
分較容易出汗
或沾到污物，
要特別加強搓
洗。

步驟 10

第一回搓洗完畢後,再重複一次7-10的程序,按摩搓洗後用水沖乾淨,沖洗時務必徹底洗淨,以免殘留的洗潔精引發皮膚病。

步驟 11

將狗狗身上的水用手擠掉後,用毛巾將狗狗包起來擦乾。注意,毛巾不要拿掉、以免狗狗著涼,如果毛巾太濕可換一條新的繼續擦。

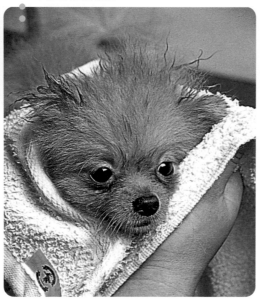

步驟 12

將吹風機調到溫風,距離10-15公分徹底吹乾狗狗身體各部位。剛洗好澡的狗狗,毛髮澎鬆,可愛討喜。

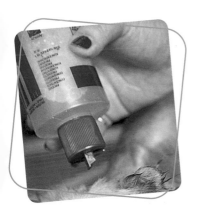

★★如何挑選洗毛精?★★

市面上的洗潔精五花八門,究竟該怎麼選購呢?具專業寵物美容老師表示,最好選用純天然成分的洗潔精,比較不容易引起皮膚過敏的問題。再來是依照毛色與毛質,選購各種不同功能的洗潔精。最好的方式是依照自己狗狗的實際情況,例如膚質是否較為乾燥?容易過敏?甚至罹患皮膚病的醫生或專業美容師,選擇最適合狗狗的洗劑種類。另外,人與狗的膚質、髮質酸鹼度不同,所以狗並不適用人用的洗髮精,這一點要特別注意。

>>>>>>

★★拿刀動剪要小心★★

　　蔡盈庫醫生在序文中提到，有許多狗狗或貓貓因為被剪毛用的剪刀或剃刀所傷，這樣的意外，大多是由於飼主不熟悉電動剃刀或剪刀的用法，或是用了其他不適用的工具，或小寵物太緊張了而亂動受傷。所以，如果您想自己動手為家中的小寵物剪毛，最好向專業美容師或醫師購買用具，並確實向其詢問，學習如何使用此類工具，不要冒然嚐試動手剪毛，以免心愛的寵物因刀剪使用不當而受傷喔！

<<<<<<

寶貝狗狗記事欄…

SET DO妝美麗

狗兒造型變 變 變

狗兒的造型除了
隨季節改變外、
其實也可以配合狗兒的特色
做出不同的設計。
想賦予狗狗一個嶄新的形象嗎？
不妨自己動手、
幫心愛的狗兒做個俏皮可愛的造型吧！

SET DO

社交貴婦型

優雅純潔的風貌

精心梳剪出修長纖細的線條，以突顯小型貴賓狗特有的秀氣優雅特質，是一款需要耐心與技巧才能達到的的高難度造型！ 〉〉〉〉〉〉〉〉〉〉

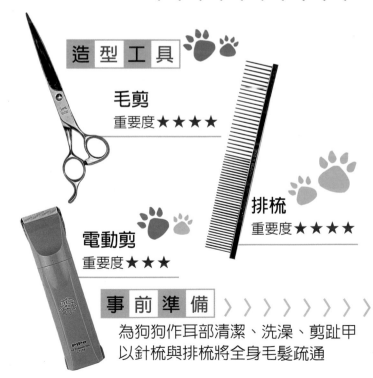

造型工具

毛剪
重要度★★★★

排梳
重要度★★★★

電動剪
重要度★★★

事前準備 〉〉〉〉〉〉〉
為狗狗作耳部清潔、洗澡、剪趾甲
以針梳與排梳將全身毛髮疏通

造型需知

十七世紀時出現在歐洲的貴賓犬，個性活潑、動作敏捷，並且相當善體人意，最早被用來作為拾獵犬或是護衛犬，十九世紀時又因優美的外型和靈敏的反應，被訓練成馬戲團中表演的動物明星。因此，自古以來，貴賓狗的造型便以優雅、便於活動為設計特色。

示範這款造型的模特兒是白色系的貴賓，特色為毛質細軟，體型纖細，而此型也是可用於比賽的長毛造型設計，利用精緻的剪法、與優雅的線條，讓白色貴賓犬的外型特色得以充分展現。

造型特色 〉〉〉〉〉〉〉

● 特色 *1* 頭部呈皇冠狀

特色 *2* 腿部呈泡泡袖狀，呈現柔和的線條感

特色 *3* ● ● ● ● ● ● ● ●
背部與胸腹
部呈現前粗
後細的立體
弧度

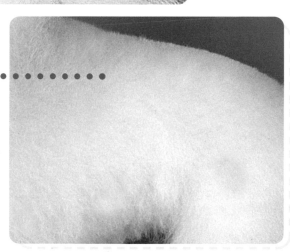

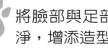 將臉部與足部的毛剃淨，增添造型精緻感

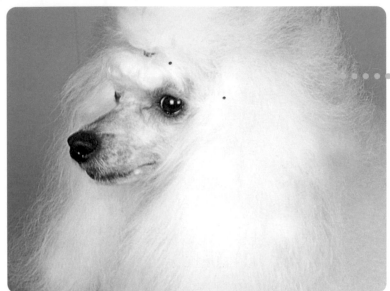

臉 部

用電動剪將臉部的毛剃淨，讓貴賓狗修長秀氣的臉部突顯頭部毛髮造型特色

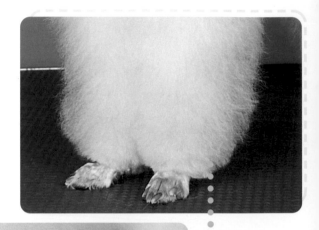

足 部

將足部的毛剃淨，以突顯腿部泡泡袖狀的造型。而此作法更同時解決了狗狗腳部毛髮容易被弄髒的困擾

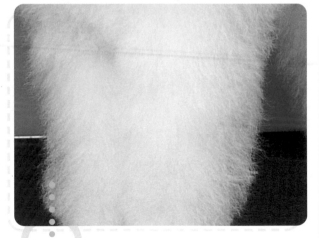

前 腿

用剪刀順著毛髮生長方向仔細修剪，將前腿修出直筒狀造型

腋 下 腹 部

從腿部順45度角的斜度修剪，讓腋下毛髮直至腹部能呈現流暢的線條弧度

前腿與腹部需呈現流暢弧度

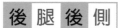 **後腿後側**

修剪出略微向後
傾斜的線條

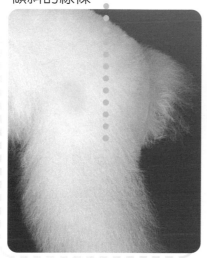

耳朵

將耳朵尾端的毛
髮以排梳梳順，
並以剪刀剪齊

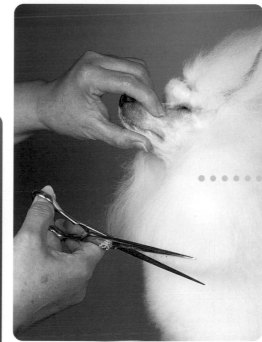

後腿前側

用剪刀順著毛
髮生長方向仔
細修剪，將後
腿修剪出略微
往後延伸的弧
度

將後腿修剪
出後傾線條

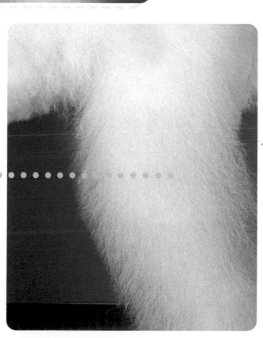

腳踝

將腳踝周邊
的毛髮剪齊
露出剃光毛
髮的足部

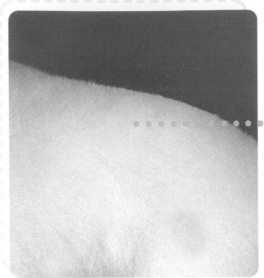

背 部

背部的毛髮剪短，餘約0.3公分的短毛

步驟 1

頭 部

以排梳將頭部前、後毛髮向上梳理，塑造出尖椎狀造型

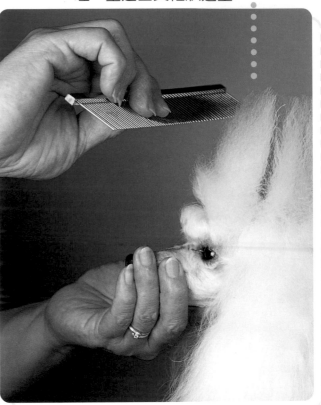

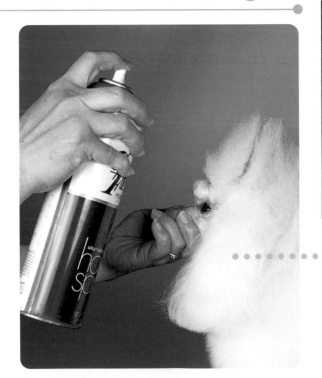

步驟 2

如要固定造型，則需使用造型膠。使用方式是以手固定狗狗臉部，並於頭頂毛髮處噴灑定型膠，注意一定要順便用手蓋住狗狗雙眼，以免造型噴霧誤觸狗狗眼睛。

DOG'S

YOT AUDA

<<<<<<<<<<

SET D

運動高手型

俐落大方的休閒造型

以方便狗狗外出溜達、活動為主要設計原則，
不僅便於活動，整理起來也相當容易！

造型需知

本造型使用的模特兒黑貴賓狗，特色是毛層濃密，
毛質硬、長而自然捲曲，因此黑貴賓在造型上可以有
相當多的變化。

與上一款白貴賓造型不同的是，白貴賓的造型較
為正式，屬於比賽型，而此款造型以便於整理為原則，
外型上也較為休閒，因此被稱為「運動型」。

運動型的設計上以方便活動為主，無論是運動後
的清潔或是日常整理，都相當輕鬆。而此造型無論冬
夏皆適宜，夏季款的毛長比圖中所展示的造型再短約
0.5到1公分即可。

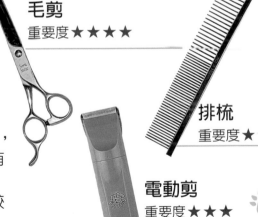

造型工具

毛剪
重要度★★★★

排梳
重要度★★★★

電動剪
重要度★★★

事前準備 〉〉〉〉〉

為狗狗作耳部清潔、洗澡、剪趾甲
以針梳與排梳將全身毛髮疏通

造型特色 〉〉〉〉〉〉

特色 *1* 頭頂毛髮剪短，便於整理

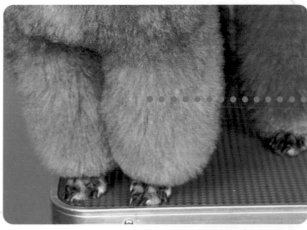

特色 *2*
腿部剪出流線弧度，方便活動也兼顧美感

特色 *3*

背部與胸腹部呈現前粗後細的立體弧度

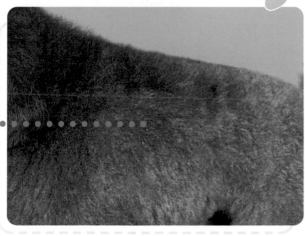

 剃除臉、足部毛髮，增添俐落感

臉 部

以電動剪將臉部毛剃淨

以電動剪將足部毛剃淨，露出足趾，如此不僅便於活動，即使是外出返家後，也能很輕鬆的清潔腳部

足 部

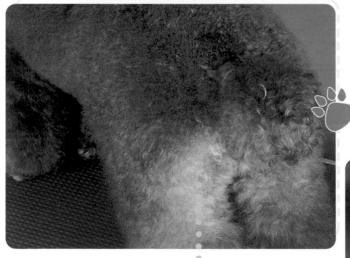

肚 皮

以電剪將腹部的毛剃乾淨，如此一來狗狗就算上廁所也不會弄髒毛髮。

後 臀

以剪刀將臀部到大腿的毛修剪得短而平整，即使狗狗坐在地上也不容易打結、弄髒。

肚皮和後腿以清爽為原則

前 腿 用剪刀順著毛髮生長方向仔細修剪，將腿部修出直筒狀造型

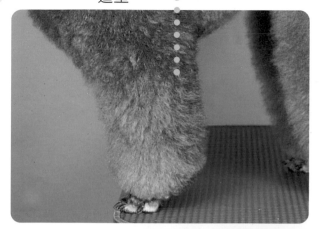

尾 巴 將尾巴毛髮修剪成圓球狀。

胸 、 側 腹

胸部到腹部順45度角的斜度修剪，讓腋下毛髮直至胸腹部能呈現流暢的立體弧度。

前腿與腹部修剪出流暢弧度

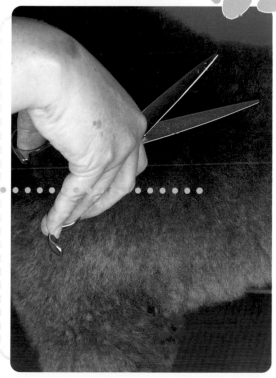

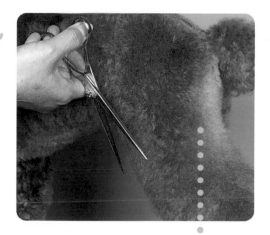

後 腿 前側修剪出略微向後傾斜的線條、後側用剪刀順著毛髮生長方向仔細修剪，將後腿修剪出略微往後延伸的弧度，並注意維持直筒狀造型。

後腿到臀部的線條

最後修飾動作

頭部 以排梳將頭部、耳朵毛髮梳齊

身體

以30度角逆毛方式輕輕將毛髮梳蓬，以呈現貴賓犬毛髮直立生長、毛質硬而捲曲的特色

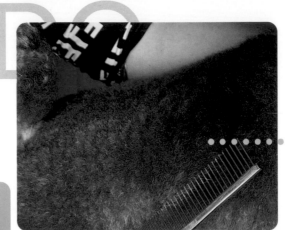

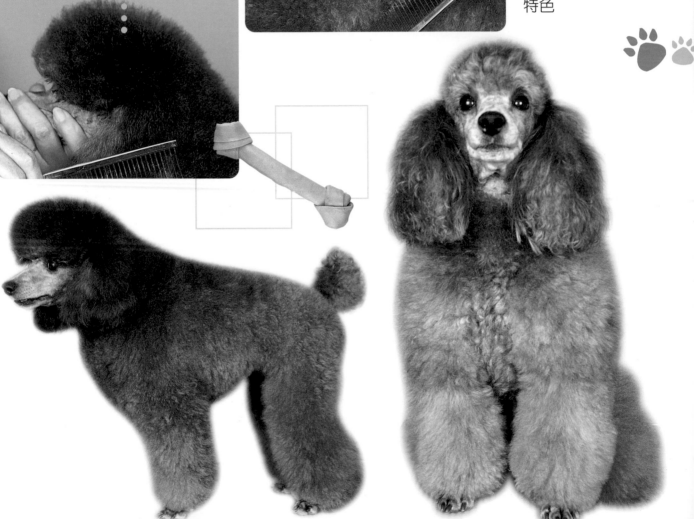

SET DO

健康寶寶型

酷似熊寶寶般的可愛造型

>>>>>>>>>>

一刀一刀修剪而成的漂亮立體圓形，是需要耐心與高度修剪技巧才能完成的造型設計。

造型工具

毛剪
重要度 ★★★★

排梳
重要度 ★★★★

電動剪
重要度 ★★★

木製板梳
重要度 ★★★★

造型需知

博美犬先天的毛髮生長為雙層毛，毛質偏粗、硬，且毛層厚厚覆蓋全身。

呈放射狀生長的直硬毛髮、加上短壯的四肢，使博美狗體型偏圓而短，因此如何克服毛髮厚重的缺點，就成為博美犬造型設計上的一大重點。此款造型利用博美具立體感的放射狀毛流，將其特色是用專用毛剪，仔細將全身修剪出以圓形為主的弧度，因此不僅要有耐心的慢慢修飾，更需要熟練的修剪技巧，才能剪出線條流暢的完美造型。由於這款造型能克服博美狗天生毛髮層厚、散熱慢的缺點，又能為飼主解決狗狗夏季掉毛的煩惱，因此一般人又稱它為「夏天型」。

造型特色 〉〉〉〉〉〉

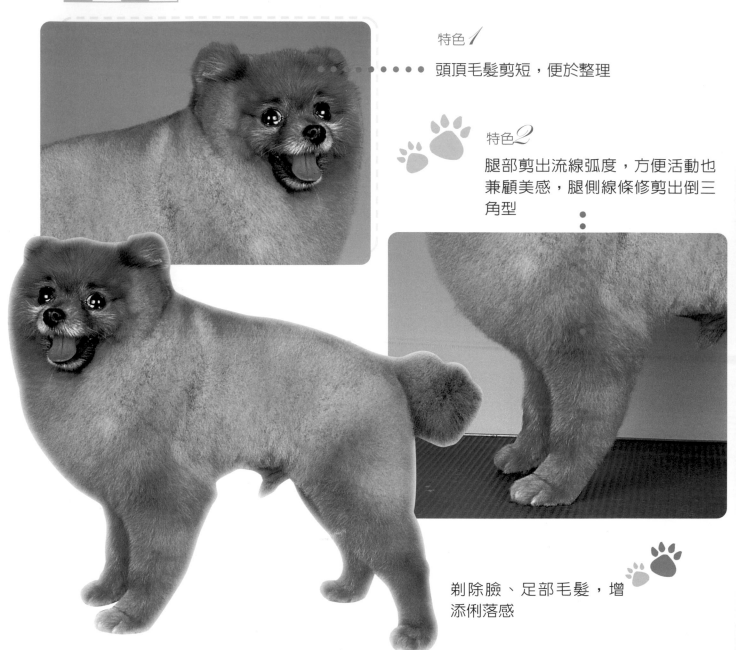

特色 1

頭頂毛髮剪短，便於整理

特色 2

腿部剪出流線弧度，方便活動也兼顧美感，腿側線條修剪出倒三角型

剃除臉、足部毛髮，增添俐落感

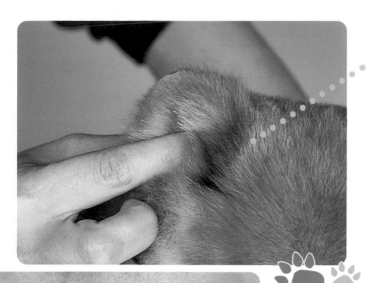

耳 朵

以毛剪將耳朵部分剪成圓弧狀

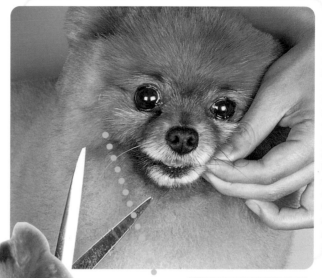

修 剪 臉 部

由於博美狗全身毛髮是朝下方放射狀生長，剪刀口需朝上以逆毛髮生長方向修剪。因此在修剪臉部時要固定好狗狗的頭，注意安全。

胸 部 兩 側

沿著耳朵的弧線往下修剪毛形，一直修剪到大腿，使頭部到胸部呈現一體成形式的弧度

胸 部 前 側

將前胸毛髮修剪成圓弧狀

將胸部毛髮修剪成漂亮的整體圓形弧度

側部與腹部

修剪側腹與腹部下毛髮，修剪時先剪掉外層毛，再慢慢將毛修短，直到修剪到貼身長度

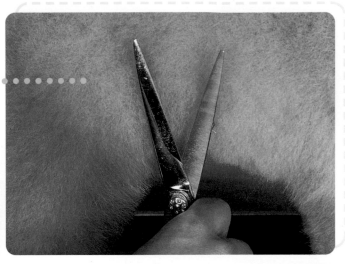

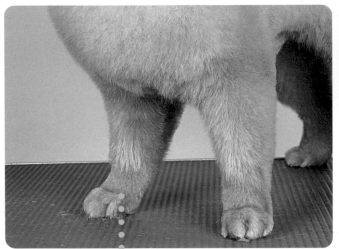

腿部

順著腿部弧度修剪毛髮，同樣修剪到貼身長度

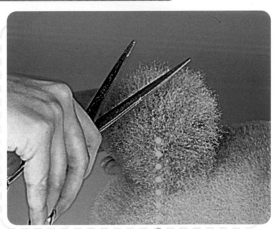

尾巴
順著尾巴自然捲曲的形狀，將毛修短，呈現球狀。

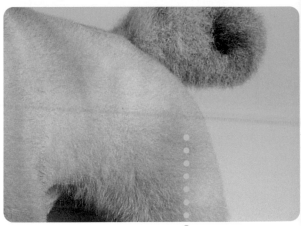

臀部後側
將臀部兩側毛髮修剪到貼身長度，並注意修飾出圓弧度

SET D

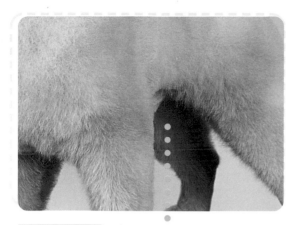

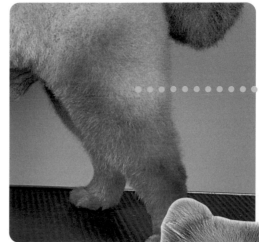

大 腿 後 側

大腿上半部之前後側毛髮可以稍微長一點，修剪出明顯的倒三角形狀，並需兼顧圓弧線條。

後 腹 側 將後腹部兩側線條往上修剪延伸到臀側，剪出被毛的層次感。

背 部

一層層修剪背部毛髮，直到修剪至貼身長度

> > > > > > > > > > SET

飄逸自然型

亂中有序的造型風格

將毛髮稍稍修剪成圓弧形,充分展現狗狗的自然本色,又能兼顧整齊美觀的要求。

< < < < < <

造型工具

毛剪
重要度 ★★★★

排梳
重要度 ★★★★

木製板梳
重要度 ★★★★

造型需知

　　本造型與上款博美造型不同的是,健康寶寶型的造型為短毛、各重要部位以接近正圓的形狀為修剪輪廓,而此款造型則是順著博美狗的自然毛形作適度修剪,看起來較為自然,也保留了博美狗本身的放射狀毛髮特色。

　　博美狗的毛質粗而直,加上雙層毛、全身毛量多,因此如何剪出飄逸而輕爽的層次感,又要避免毛髮凌亂的感覺,就成為造型時的一大挑戰。

事前準備

為狗狗作耳部清潔、洗澡、剪趾甲以木製板梳將全身毛髮梳蓬鬆

造型特色 〉〉〉〉〉〉〉〉〉〉

特色 *1*

胸部毛髮剪出自然的圓弧層次 •••••••••

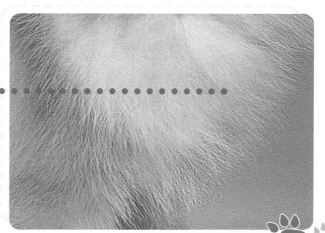

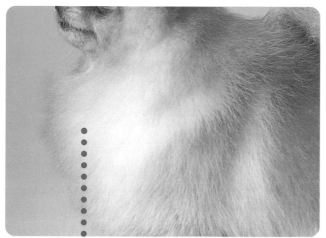

特色 *2* 前胸修剪出大圓弧度

特色 *3* •

腿側線條
修剪出倒
三角型

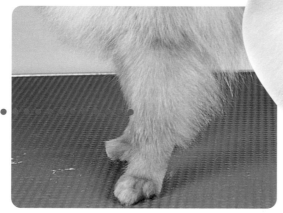

臉側毛

順著向外擴散的毛髮生長流向,略微修剪臉側毛髮。

耳側毛

耳根靠近頭部位置毛髮稍修即可,留下約1公分長度,越往耳尖部分、毛長則越短,至耳尖僅需剪至約0.1公分,使耳形近似三角形

胸部前側

將胸部前側毛髮修剪成蓬鬆的1/4下圓形弧度

胸部正面

將胸部正面毛髮修剪成介於倒三角與圓形間的弧度,製造如領巾般的下墜感

胸部修剪成蓬鬆的圓弧形

SE

DO

臀部後面

將臀部毛兩側
髮略微修剪成
圓形，保留毛
髮的蓬鬆感

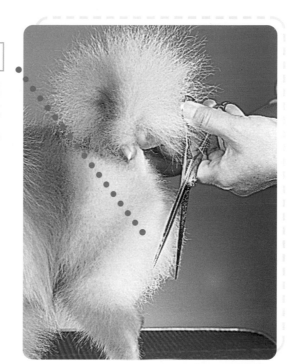

胸腹

將胸腹部之參差之外
層毛尖修剪整齊

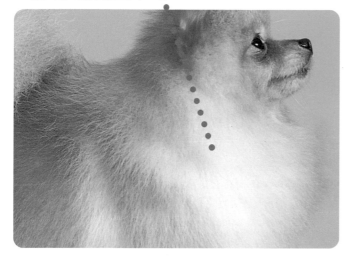

腿部

將腿部毛髮修
剪成倒三角形

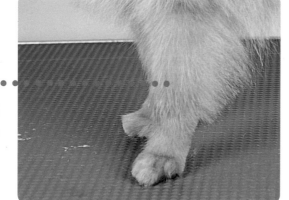

後腹側

將後腹部兩側線條往
上修剪延伸到臀側，
剪出被毛的層次感。

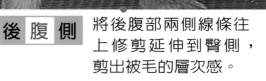

胸腹與腿部的修飾

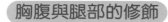

修飾工作

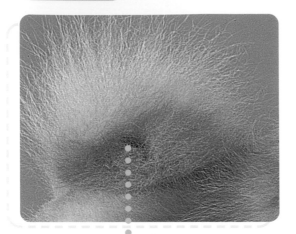

尾 巴 順著尾巴自然捲曲的形狀，將毛尖修成圓形。

梳 毛

用排梳以逆毛方式，輕輕將全身毛髮梳鬆，呈現蓬鬆飄逸的毛髮層次感。腿部與臉部則以順毛方式梳理。

酷帥有型

簡單有型的酷狗造型

雪納瑞的代表造型。尖豎的耳朵與鬍子是造型重點,全身需要細心修剪,呈現出俐落、有個性的造型風格。

造型需知

雪納瑞全身毛量多而微自然捲,臉部也有大量的鬍鬚與被毛,因此在造型上就要靠精細的剪功,塑造出線條簡單、立體的造型。

此款造型是雪納瑞的標準造型。其特色是耳朵與尾巴經獸醫師以手術剪短,並將狗狗身上的毛剃短,如此不僅能讓整理毛髮的工作大為輕鬆,也能讓狗狗看起來更加有精神!

造型工具

毛剪
重要度★★★★

電動剪
重要度★★★★

排梳
重要度★★★

針梳
重要度★★★

事前準備 〉〉〉〉〉〉

為狗狗作耳部清潔、洗澡、剪趾甲以針梳與排梳將全身毛髮梳順

造型特色

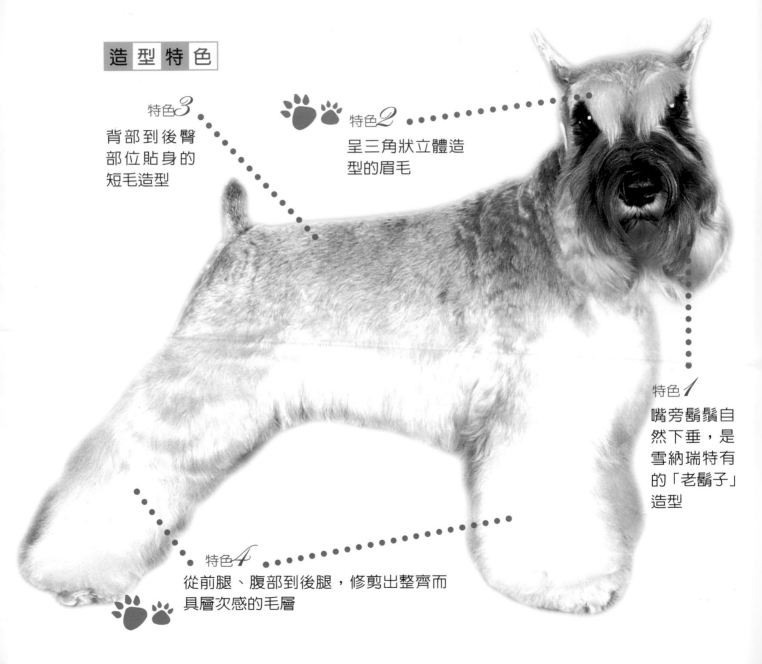

特色3
背部到後臀
部位貼身的
短毛造型

特色2
呈三角狀立體造
型的眉毛

特色1
嘴旁鬍鬚自
然下垂,是
雪納瑞特有
的「老鬍子」
造型

特色4
從前腿、腹部到後腿,修剪出整齊而
具層次感的毛層

眉 毛 眉部修剪成倒三角形,外側靠眼睛處需修剪出微彎的圓弧線,以免擋住視線

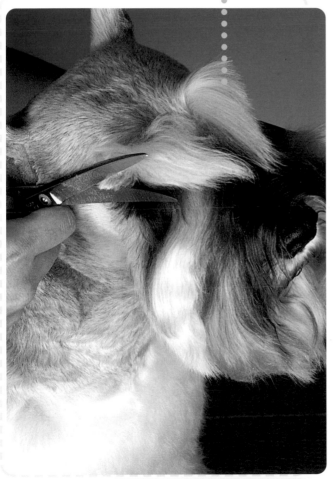

清爽俐落的頭部線條

耳 朵 耳形修剪成尖型,以電剪剃掉耳上的毛髮,短至貼耳

尖耳整型相關訊息請見本單元最末頁之【耳朵與尾巴的修剪整型】

頭 頂 以電剪剃掉頭頂到額頭的毛髮,使其看來清爽伏貼。

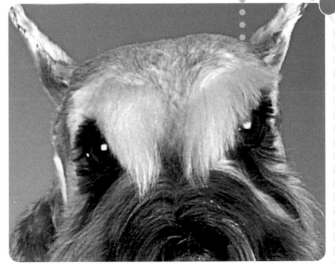

臉側

以排梳將鬍鬚梳順。從脖子處到下巴、由短而長，修剪出具有下墜感的圓弧形，修剪時需以排梳不時梳理檢查，以剪出整齊的弧形。

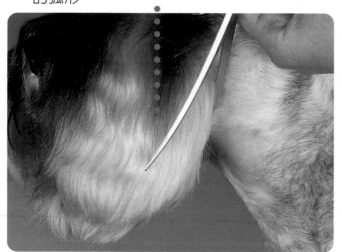

修剪出下墜感而柔和的鬍鬚線條

前頸

從下巴下方到胸部以上以電剪將毛髮剃短。

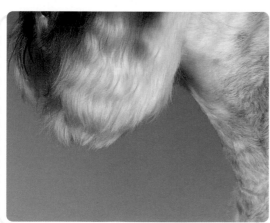

前胸

將胸前的毛髮修剪出蓬鬆的圓形線條。

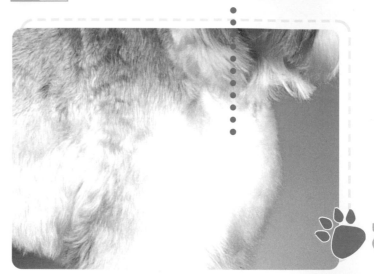

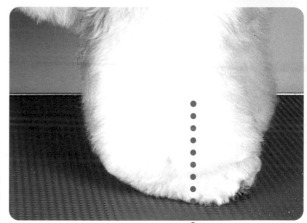

前腿

將前腿部髮略微修剪成上窄下寬的蓬鬆筒狀，與前胸的毛形成漂亮的圓弧形

前胸到前腿，剪出蓬鬆的弧形

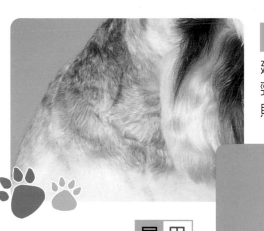

頸 背

延續頭部的長度,將頸部毛髮剃得短而伏貼在皮膚之上

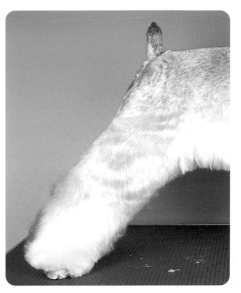

尾 巴

將短尾上的毛以毛剪仔細修剪的短而伏貼。

後 腿 與 臀 部

順著下腹部身體線條,將後腿上部2/3與臀部的毛髮剃短。

後 腿 部

後腿以剪刀仔細的修剪出接近直筒的形狀,由上而下、剪出由短而長的漸層毛髮層次。

下 腹 部

將下腹部的毛髮修剪出略長而整齊的線條。

下腹到後腿線條略微收束,剪出俏皮的裝飾毛

SET DO 〉〉〉〉〉

★★耳朵與尾巴的修剪整型★★

★一般而言，需要修剪耳朵的狗種除了雪納瑞以外，還有波士頓、杜賓等犬種，把原本大而下垂的耳朵修剪成尖型，除了看起來比較有精神，也較爲方便活動。除此之外，修剪耳朵在醫療上的好處是比較不容易感染細菌，也方便於耳道清理，而尾巴的修剪則多是因應造型。

★尾巴修剪的手術必須在剛出生約第三天內最好，因爲爲剛出生的犬隻動尾巴手術，狗狗比較不會感到疼痛、出血少、復原也快。

★關於耳朵手術修剪，則需等到狗狗六個月大左右再執行，這是由於耳朵成長到定型時再剪，耳型比較不會有改變。

〉〉〉〉〉〉〉

★★幾可亂眞型★★

雖然這款造型是雪納瑞的基本造型，但是瑪爾濟斯剪起這款髮型也是有模有樣的喔！瞧，圖中的馬爾濟斯，除了沒有尖耳之外，全身上下的特徵都與雪納瑞的造型一般，像是縮小版的雪納瑞，製造一種可愛又驚喜的造型效果。

>>>>>>> SET D

妹妹頭型

清爽俏皮的短毛造型

這是專為圓身、毛層厚的小狗設計的短毛造型，
需要耐心的以剪刀剪出蓬鬆而具立體感的層次，
讓長毛狗狗也可以享受一個輕鬆的夏天。

<<<<<

造型需知

西施犬的毛髮特色是毛層多且厚，毛質粗、略帶自然捲，因此在夏天時需要適度的修剪。本款造型的毛長偏短，對於毛層厚、長的狗狗來說，相當涼爽而輕便。

而本造型中示範的西施犬（小蘋果），在西施犬中屬於體型較小的類型，因此老師特別為牠設計了紮上兩邊蝴蝶結的造型，完全表現出狗狗本身具有的俏皮可愛特色。

造 型 特 色

特色 *1*

呈圓形的臉部線條

特色 *2*

修剪整齊如學生
頭的耳朵毛髮

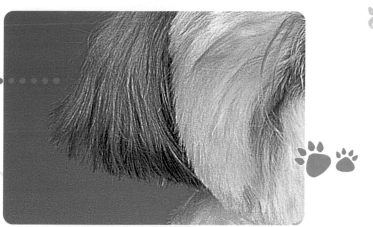

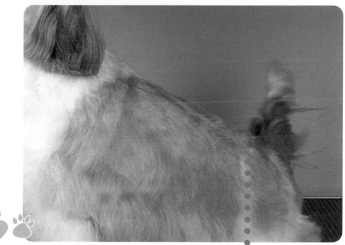

特色 *3*　俏皮的蝴蝶結裝飾

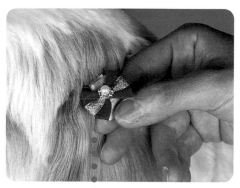

特色 *4*

背部到後臀部位貼
身的短毛造型

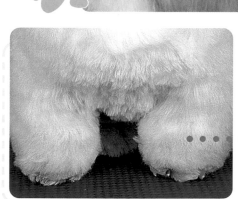

特色 *5*

圓弧的腿部修飾

〉〉〉〉〉〉

修剪成圓形的頭部線條

耳 朵 以排梳將耳毛梳順。將耳朵毛髮略微修剪出由短而長的層次感,並將底端的毛髮修剪呈平齊狀。

頭 頂

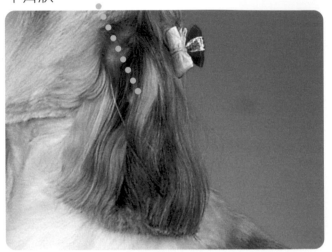

頭頂毛髮修齊,剪出約0.5公分的長度,並將臉部正面修出呈圓形的線條

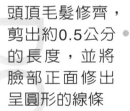

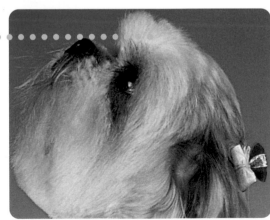

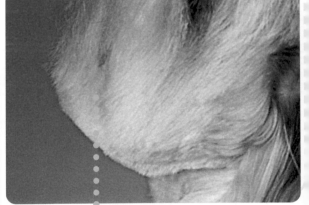

鬍 鬚 以排梳將鬍鬚梳順。修剪出具有下圓弧形,修剪時需以排梳不時梳理檢查,以便剪出整齊的弧形。

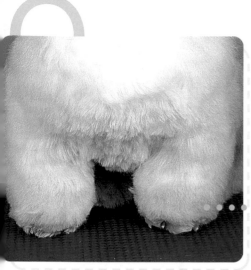

前 腿

同樣以剪出毛髮層次感的方式修剪，腿部外側順著前胸的毛形修飾，形成柔和的圓弧，腿部則仔細修剪成圓筒狀。

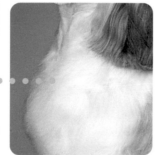

前 胸

以剪出毛髮層次感的方式，仔細地將胸部前側毛髮修剪出蓬鬆的圓形弧度

前胸與前腿部位需剪出蓬鬆的毛髮層次感

背 部

延續頸部的毛髮長度，將頸部以後、背部中央的毛髮剃成相等的長度

身 側

由背側逐漸增加長度，剪至下腹部毛髮約為2公分的長度，並仔細修剪出身側被毛的層次感。

腿 部

將四隻腿修剪成圓筒狀。

絮辮子秘技大公開

俏麗的兩側蝴蝶結造型

SET D

造型工具

- 分線梳 1隻
- 橡皮圈 2枚
- 美髮用紙 2張
- 狗狗專用蝴蝶結 2個

事前準備 〉〉〉〉〉〉

為狗狗作耳部清潔、洗澡、剪趾甲以針梳與排梳將全身毛髮梳順

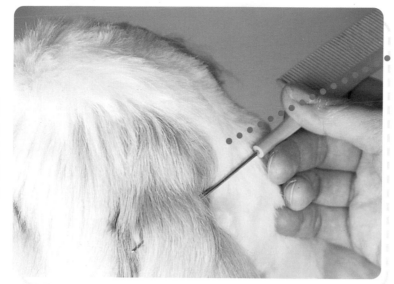

步驟 1

用分線梳將
狗狗的毛髮
梳順,並以
梳尾尖端將
頭部毛髮中
分。

步驟 2

以分線梳挑起上層毛髮,
注意毛量需適中

步驟 3

以美容紙將毛髮
完全包起對折

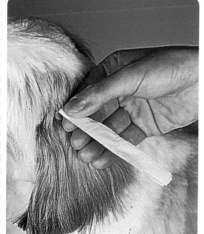

步驟 5

將長條狀的美容
紙捲往上對折兩
次,並注意毛髮
確實包入紙捲中

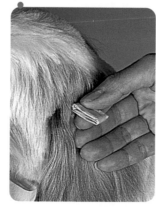

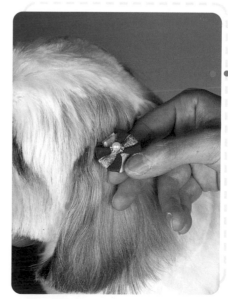

步驟 6

以橡皮圈捆
牢紙捲,再
將蝴蝶結綁
上即可

步驟 4

將毛髮聚成一束,將
美容紙再對折一次

★★打蝴蝶結的注意事項★★

許多飼主都相當喜愛俏麗的蝴蝶結造型，因爲蝴蝶結能讓狗狗看來更加可愛討喜，不過由於狗狗的皮膚、毛髮會分泌皮脂與汗水，所以如果打蝴蝶結的時間過長，會讓狗狗的毛髮容易打結，甚至產生皮膚病。

因此，如果要幫狗狗打蝴蝶結，除了要遵照正確的方式之外，最好也在三天內就要把蝴蝶結取下，保護狗狗的毛髮皮膚健康。

白眉道人型

自然瀟灑的長毛造型

依拉薩狗本身的毛髮形式略微修剪，盡量保留其自然原貌，以表現出瀟灑而飄逸的特色

`< < < < < < <`

造型工具

毛剪
重要度★★★★

電動剪
重要度★★★

排梳
重要度★★★★

造型需知

拉薩狗的特色就在於其毛髮量多、長且直，因此此款造型是依拉薩的自然面貌加以略微修飾，以強調其憨厚而略顯慵懶的外型。此外，拉薩狗的毛質偏乾而堅韌，因此，在毛髮的保養上相當重要，也要注意勤加梳理，以保持乾淨、不打結的健康毛髮。

事前準備 `> > > > > > >`

為狗狗作耳部清潔、洗澡、剪趾甲以針梳與排梳將全身毛髮梳順

造型特色 〉〉〉〉〉〉

特色 1 ‧‧‧‧‧‧‧‧
保留略微遮住眼睛的前額毛髮，讓拉薩狗看來更加憨厚

特色 2 ‧‧‧‧‧‧‧‧‧‧‧‧
耳部與腿部不同的毛髮長度形成特殊的層次感，柔順飄逸的毛髮質感

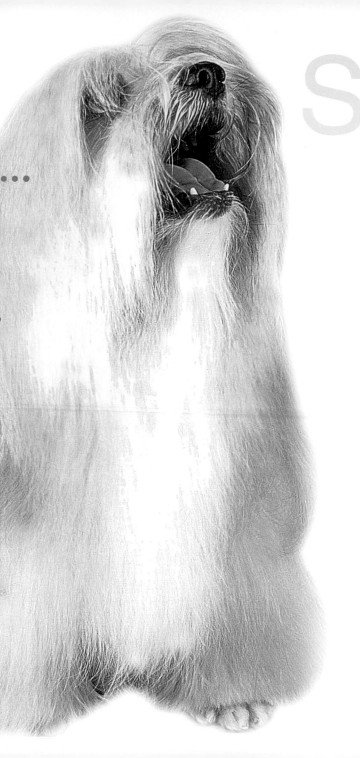

SE

足部

以電剪剃除足部毛髮

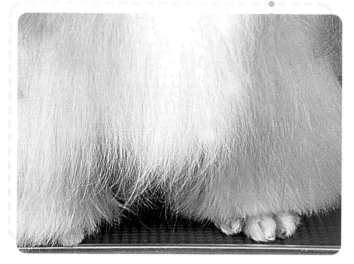

耳朵 將耳部前側毛髮略微修齊

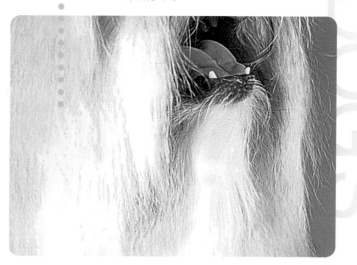

腿部

將腿部底端的毛髮修剪到足部以上，並剪齊，使腿部形成飄逸的圓筒狀。

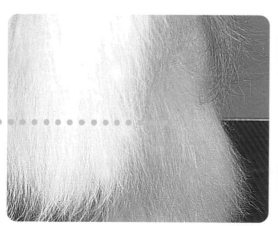

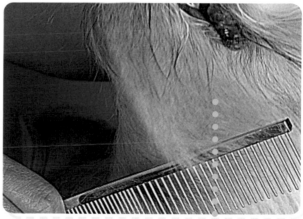

鬍鬚 將臉側毛髮往兩側略微修剪出弧線，讓嘴巴的部分露出來

以排梳將全身毛髮從毛根到毛尖完全梳順

★★狗用潤絲精★★

由於狗狗的毛髮量多、且皮脂分泌狀況與人類不同,因此,為狗狗使用專用的洗髮精與潤絲精是相當必要的,尤其是長毛狗,更需使用潤毛精,避免毛髮打結、斷裂。在選購狗用潤絲精時,要特別注意必須是純天然成分,並慎選具藥用功能的洗毛、潤毛精,例如有除蚤、治療皮膚病、或是過敏皮膚使用,以免傷害到狗狗的髮質。

公主頭型

秀氣可愛的長毛犬造型

利用蝴蝶結與毛髮層次感，完全展現長毛狗俏麗可愛的澡型風格。

‹ ‹ ‹ ‹ ‹ ‹ ‹

造型工具

毛剪
重要度 ★★★★

木梳
重要度 ★★★

排梳
重要度 ★★★

造型需知

　　而本造型中示範的西施犬「妮妮」，在西施犬中屬於體型較大、毛髮也屬於多而健康的類型，因此在毛髮的層次上便需仔細的加以修剪，以呈現出蓬鬆而不凌亂的特色，另外，在頭頂綁上粉紅色的蝴蝶結，除了讓毛髮不凌亂外，也展現出可愛、俏皮的氣質。

事前準備 › › › › ›

為狗狗作耳部清潔、洗澡、剪趾甲以針梳與排梳將全身毛髮梳順

SET D

DOGS

造型特色

特色1 蝴蝶結造型讓臉部造型顯得清爽

特色2 保留自然毛髮形式，將毛尖修齊

特色3 腿部形成蓬鬆的筒狀

步驟1 先以木梳將全身毛髮梳順

步驟2 再以排梳將全身毛髮進一步梳順

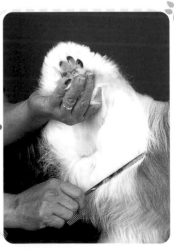

步驟3 腹部內側與腿內側容易打結的地方需特別加強梳理

頭部

頭 頂

將額頭毛髮以蝴蝶結綁起，讓眼睛與鼻子露出

備註：蝴蝶結綁法請參照「妹妹頭型」

耳 朵

將耳部毛髮梳順後，以毛剪將毛修剪整齊

鬍 鬚

將鬍鬚修剪到與耳朵毛髮齊長

將全身毛髮修剪整齊，不需剪短，保留自然長度、以不碰到地面即可

身 體

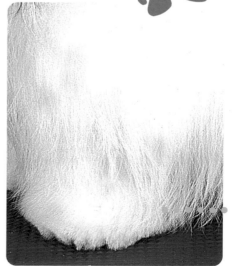

將腿部毛髮剪齊，使腿部線條成圓筒狀，同樣以不碰到地面為準。

腿 部

SET DO 〉〉〉〉〉〉

孔雀開屏型

活力十足的特殊造型

以髮膠創造出半圓形的高聳沖天髮型，讓長毛狗看來更具活力

造型工具

排梳
重要度★★★

毛剪
重要度★★★★

木製板梳
重要度★★★

造型需知

　　而本造型中示範的西施犬艾倫，是與示範「公主頭型」的妮妮為體型、毛量相近的西施犬，除了在毛髮的層次上便需仔細的加以修剪，以呈現出蓬鬆而不凌亂的特色。而這款造型的特色在於頭頂的毛髮，以髮膠造型成孔雀開屏狀，十分亮眼。

事前準備

為狗狗作耳部清潔、洗澡、剪趾甲
以針梳與排梳將全身毛髮梳順

〉〉〉

造型特色 〉〉〉〉〉〉〉

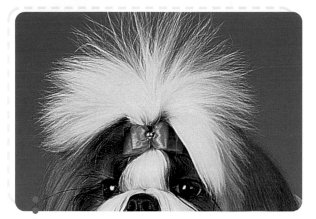

特色 *1*　頭頂高聳的髮束擴散成漂亮的半圓

特色 *2*　保留自然毛髮形式，將毛尖修齊

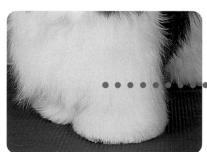

特色 *3*　腿部形成蓬鬆的筒狀

步驟 *1*　先以木梳將全身毛髮梳順

步驟 *2*　再以排梳將全身毛髮進一步梳順，腹部內側與腿內側容易打結的地方，需特別加強梳理

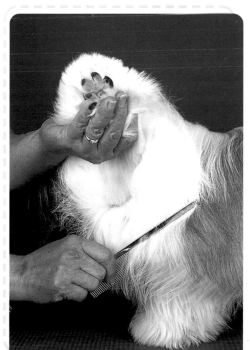

DOG'S

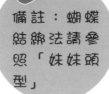

備註：蝴蝶結綁法請參照「妹妹頭型」

頭部

頭頂

將額頭毛髮以蝴蝶結綁起，讓毛髮以放射狀朝上擴散，並噴上髮膠。

鬍鬚

將鬍鬚修剪到與耳朵毛髮齊長。

耳朵

將耳部毛髮梳順後，以毛剪將毛修剪整齊。

身體毛髮修飾

腿部

將腿部毛髮剪齊，使腿部線條成圓筒狀，同樣以不碰到地面為準。

身體

將全身毛髮修剪整齊，不需剪短，保留自然長度，以不碰到地面即可。

<<<<<<< SET D

自然美型

凸顯雙層毛髮的修剪法

保留原本的毛髮特色，風格自然的造型設計

造型工具 >>>>>>>

毛剪
重要度★★★★

排梳
重要度★★★★

木製板梳
重要度★★★★

造型需知

　　一般常見的約克夏狗毛色多為銀灰與棕色混雜，此次示範的約克夏狗的毛色則較為不同，外層的被毛為黑色，內層則為淺棕色，因此在修剪時也以凸顯其雙色的毛髮特色。

事前準備 >>>>

為狗狗作耳部清潔、洗澡、剪趾甲
以針梳與排梳將全身毛髮梳順

造型特色 〉〉〉〉〉〉

特色1 凸顯頭、耳與下巴部位的線條，並修剪著重自然毛髮層次感

特色2

保留自然毛髮形式，將毛尖修齊，並注意露出下層色

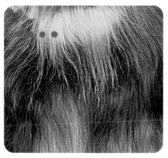

特色3

毛髮呈現自然蓬鬆感

頭部

頭頂

以毛剪將頭頂毛剪齊

耳朵

將貼近耳部毛髮與耳內長毛剪短，耳背長毛則修剪出圓弧形

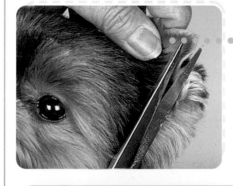

鬍鬚

將鬍鬚修飾出角度，讓臉部下半線條呈略呈方形

身體部分 〉〉〉〉〉〉

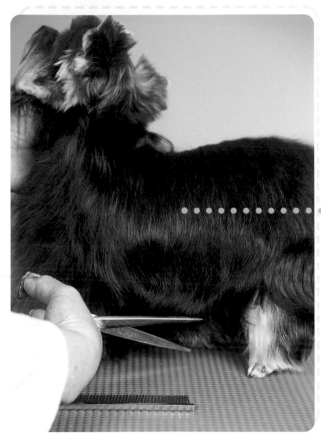

將全身毛髮
修剪整齊，
不需剪短，
保留自然長
度、以不碰
到地面即可

身 體

腿 部

將腿部毛髮剪
齊，使腿部線
條成圓筒狀，
同樣以不碰到
地面為準。

梳 順

以排梳將毛髮
梳順，讓毛髮
自然蓬鬆

長髮飄飄型

長毛狗的標準造型

保留馬爾濟斯的自然面貌，表現長毛的飄逸特色

>>>>>>>>

造型需知

　　馬爾濟斯的毛量雖多，但是屬於單毛層的狗種，因此不需像西施狗般修剪多層的毛髮層次。要注意的是，馬爾濟斯的毛髮細，因此容易打結，因此除了造型之外，也要注意每日的梳理工作，以及每次洗毛時做好潤絲保養工作。

造型工具

毛剪
重要度★★★★

木製板梳
重要度★★★★

排梳
重要度★★★★

事前準備

為狗狗作耳部清潔、洗澡、剪趾甲
以針梳與排梳將全身毛髮梳順　　>>>>>>

>>>>>>

造 型 特 色

特色 *1* 　頭頂的蝴蝶結讓
臉部顯得清爽

特色 *2*
毛髮梳順，
顯示毛髮
柔順感

頭部

先以木梳將全
身毛髮梳順

將耳部毛髮梳順
後，以毛剪將毛
修剪整齊

耳 朵

鬍 鬚

將鬍鬚修剪到與
耳朵毛髮齊長

DOGS

身體部分 〉〉〉〉〉〉

身體

將全身毛髮修剪整齊，不需剪短，保留自然長度、以不碰到地面即可

腿部

將腿部毛髮剪齊，使腿部線條成圓筒狀，同樣以不碰到地面為準。

梳順

將身體毛髮梳順，並以分線梳分出中間線，分為左右兩邊

服飾配件妝美麗

對現代人而言，
寵物已經不只是動物，
而像是家中的成員，
許多飼主也把狗狗當成自己的小孩一樣寵愛。
因此，除了在飲食等日常照料的品質日益提升外，
狗狗擁有專屬的衣服、鞋以及用品，
儼然成為新的潮流。利用巧思，
幫狗狗作個美美的造型，
不僅狗狗煥然一新，
主人也很有面子喔！

SET DO

行頭

妝美麗

狗狗穿著超有型

人要衣裝，狗要勁裝。
愛美的主人們在打點自己之餘，
不妨為愛狗準備一套專屬的外出服，
讓狗狗走路有風、處處贏得驚艷的讚美喔！

〉〉〉〉〉〉〉〉〉〉

如何幫狗挑選衣物

　　幫狗狗選擇衣服時，除了裝飾性質外，也應講求實用性。

　　一般而言，無論夏冬，幫狗狗穿衣服都要注意「衣料通風」、「剪裁舒適」、「穿著時間不要太長」的大原則。衣料通風是幫助排汗，剪裁舒適與否則關係到狗狗活動的方便度，此外，由於狗狗的身體構造與人不同，因此狗狗穿衣的時間最好不要太長，以免因排汗不良導致毛髮打結。尤其是蓄長毛或是毛層較厚的狗種，比較不適合穿厚重的衣服，一方面是因為長毛已具備保暖的需求，再者穿衣不利毛髮通風排汗，容易打結、或引起皮膚病。

冬季選購原則

　　在氣候嚴寒的秋冬季節時，幫狗狗穿衣服可以幫助禦寒，尤其是外出遛狗時，更需要一件能抵擋風寒的外衣。為愛犬選購冬衣時，除了設計得可愛、美觀的外在因素，更應注意衣物是否符合以下四點標準，才能讓狗狗穿得既漂亮又舒服。

注重保暖

確實保暖

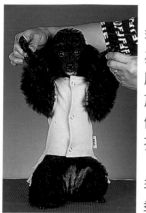

一般而言，冬季衣物的布料都較為厚重，因此保暖度都較好，尤其對於短毛狗而言，一件能確實禦寒的冬衣，更是相當重要。

狗狗的小肚肚毛髮量較少，在冬季寒流來襲時，如果長時間趴在冰涼的地板上、或是外出散步都很容易著涼。因此在選購冬季禦寒衣物時，首先要注意腹部部位的設計是否能確實保暖。

 冬季時應注意狗狗的腹部保暖

防水

並非所有冬衣都需要具備防水功能，但如果能幫狗狗準備一件具有防水功能的冬衣，最大的好處是即使天氣濕冷，也不用怕狗狗會著涼，而且也具有風衣功能。

 只要選對衣服，狗狗也可以穿得很開心

布料透氣良好

雖然衣物是否保暖十分重要，但衣物仍須具備良好的透氣性，讓狗狗在活動之餘，仍能輕鬆排汗。尤其是不透氣的中國式緞布或是毛織品，領口與袖口更應讓空氣流通的空間。

如果是不透氣的布料，應注意領口袖口是否有足夠的透氣空間

方便活動剪裁

為了方便狗狗活動，狗服裝的設計無論冬夏大多是無袖的剪裁，不過由於寵物服裝逐漸「童裝化」，因此也出現許多連帽或是外套式的設計。因此，在為狗狗挑選有袖冬衣時，應注意袖口的空間是否便於活動？而對於毛量多的長毛狗來說，即使是冬季的服裝，無袖的剪裁也比有袖服裝來得適合。

 冬衣較為厚重，應選購讓狗狗四肢能靈活活動者佳

夏季選購原則

時下的狗服飾設計已趨近童裝化，無論是布料或剪裁都越來越講究。除了基本清潔與毛髮造型外，狗狗的衣飾設計趨近多元化。許多狗主人為狗狗穿衣，已經不僅止於秋冬季時為狗狗保暖，而是想要把狗狗打扮得美美的，因此，市面上也出現許多不同款式的狗狗夏裝。為了避免讓心愛的狗狗因悶熱而感到不適，在選購夏衣時，除了講求美觀可愛以外，更要注意「質輕」、「便於活動」、「透氣涼爽」為主要原則。

所謂「質輕」，就是衣料要透氣、輕便，主要目的是讓狗狗穿著時無負擔。

「便於活動」，則是要注意衣服在四肢關節處、尾部與頸部的剪裁。讓狗狗能夠靈活的活動。

「透氣涼爽」方面，首先要注意衣料的透氣度是否良好，再來是腹部、四肢關節等排汗量較大的部位，剪裁是否夠寬鬆、舒適。

SET D

夏裝款式範例

這套專為狗狗設計的比基尼，俏皮可愛外更有種令人莞爾的幽默感。誰說狗狗不能賣弄性感？

夏天是展現美好身材的季節，愛美的狗主人在幫自己打扮之餘，不妨也為狗狗換上一套清涼養眼的比基尼，保證狗狗會收到無數豔羨的眼光與驚喜的效果哦！

狗狗也愛比基尼

涼爽的露肚裝

狗狗的肚子很怕熱，這是因為狗肚子是排汗、散熱的重要部位，所以，保持狗狗肚皮通風清爽是很重要的一件事。像是這種肚兜式的剪裁，就很適合讓狗狗在夏天的時候穿著。

寬鬆的袖口設計

狗狗四肢關節下方的毛髮排汗量大，如果通風不良，會引起打結或是引起皮膚過敏、病變，因此，在選有袖的夏裝時，千萬要注意袖口的寬鬆度與透氣度，原則上，在幫狗狗選購衣服時，無袖的設計要比有袖來得更適合。

狗兒 Fashion Show

狗狗的專用鞋子讓牠出門，走路更有風！

狗狗的專用鞋

狗狗也要穿鞋？相信這是很多人的疑問。事實上，穿鞋能夠防止狗狗的腳掌在外出時或是腳毛沾到污垢或便便，對飼主而言，幫狗狗穿鞋總比幫牠洗腳方便得多了，所以近年來已經有越來越多的飼主外出前，會幫狗狗穿上鞋子。

選購需知

1 鞋底應有防滑設計

由於狗狗平常習慣以腳掌直接接觸地面行走，不善於穿鞋走路，因此，幫狗狗選購鞋子時，要注意鞋底應該有防滑設計。

2 合腳、合腿，不易脫落

鞋口應鬆緊適中，鞋帶能綁牢、不易鬆脫，以免鞋子脫落或是太緊，都會讓狗狗感到不適。

3 鞋面材質應有防水功能

鞋面布料應經過防水處理，以免下雨天弄濕鞋面。

正確的穿鞋方式

步驟 1
將鞋口打開

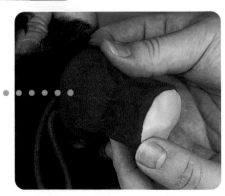

步驟 2
幫狗狗把腳穿進鞋中

步驟 3
確定狗狗的腳掌確實套進
鞋子裡後,將鞋帶綁好。

如果狗狗
不喜歡穿鞋或者
主人認為穿鞋麻
煩,剃掉足部的
毛也能達到輕鬆
清潔足部的效
果。

衣服的尺寸與剪裁

為狗狗挑選衣服時,要特別注意服飾的尺寸與剪裁。因為尺寸與剪裁關係到狗狗穿衣時是否能活動自如,並且感到舒適,因此,購買狗狗成衣時,應特別注意以下三個部分的尺寸:

腰圍

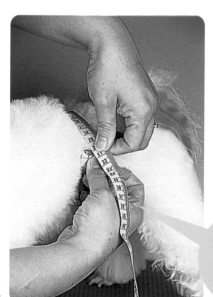

市售狗狗成衣的尺寸,主要是依狗狗的腰圍大小而訂,由於國內外狗成衣的製造廠商繁多,尺寸可能略有不同,因此在購買前要詳細問清楚尺寸分法,或是預先量好狗狗的身體尺寸,才不會發生買了卻不適穿的狀況。

腰圍是決定狗狗衣服尺寸的重要依據

身長 〈〈〈〈〈〈

衣長最好不要蓋過腿部關節,方便狗狗活動。

在購買狗狗衣服時要注意預留頸部與尾部活動的空間,因此如無法帶狗狗去購買衣物,實地測量,飼主可以用布尺測量狗狗頸部到尾部的長度,並且兩端各減去2公分左右的長度,留下活動空間。

DOG'S

一般來說，狗衣服通常是沒有袖子。這是由於狗狗腋下的毛髮容易打結、且較不易排汗。在購買時，應特別注意袖口寬度是否夠寬？最好以不要蓋到腋下、且讓四肢關節完全露出為原則，才能讓狗狗靈活的奔跑、活動。

選購時要注意
袖口需能讓四
肢活動自如。

犬隻成衣尺寸參考範例 (單位：英吋)

尺寸	衣長	腰圍	犬隻體重
XS	8.5吋	12吋	約1～2公斤
S	9.5吋	14吋	約3～5公斤
M	10吋	16.5吋	約6～8公斤
L	11吋	20吋	約9～11公斤
XL	12吋	22吋	約12～15公斤
XLL	19吋	28吋	約16～25公斤
XLLL	22吋	34-37吋	約26～38公斤

★此為參考範例，選購時仍須依犬隻
實際腰圍、身長為主要參考標準。

狗狗專用背包

　　現代的寵物飼養越來越趨近擬人化，在許多主人眼中，狗狗不只是看家的幫手，也是一般家庭的一份子。因此，為了不讓心愛的寶貝狗在家裡閒著無聊，許多人會希望能帶著心愛的寵物上街、喝茶、SHOPPPING、或是拜訪朋友，因此，寵物專用提籃就成為主人攜帶寵物外出時的好幫手。而現今市面上越來越多的款式與設計，更讓主人能依自己的喜好選擇不同的樣式。

現在市面上越來越多款式與設計，讓狗狗出門更拉風。

主人的好幫手

　　籃的優點是能限制狗狗不亂跑，方便攜帶狗狗乘車或是外出。選購外出用提籃時，必須注意提籃尺寸、材質、透氣度與開口安全性等四點。

　　由於幼犬在發育期時，體型會有很大的變化，因此在選購時可以買稍大一點的，以因應犬隻成長中的體型變化。在材質方面要注意防水度是否夠好，以防外出時的風雨侵襲。

　　此外，硬度越高的材質，越能保護狗狗不受碰撞傷害。

　　選購提籠時也要檢查是否有良好的透氣設計，以免狗狗長期處在過度悶熱的密閉空間中，而開口則必須能牢牢關緊，不會因晃動而打開，以保護狗狗的安全。

外出用提籃

外出用背/提袋

　　外出用背/提袋的功能和提籃相近，不過背袋的特色是能讓狗狗的頭露出來，讓狗狗能直接呼吸新鮮空氣，背、提兩用的優點，比起傳統的手提式提籠更為省力。

　　選購時必須注意材質、肩帶是否夠穩固，能支撐狗狗的體重？由於背袋通常是較軟的材質，因此背時也要小心碰撞、擠壓的問題。

寵 物 的 最 愛

除了主人背狗狗的外出用提籃、袋外,市面上也有狗狗專用的背包。

 狗用背包

可以讓狗狗用自己專用的背包,攜帶玩具出門。

幫狗狗選購背包時,除了要注意造型是否美觀之外,購買前最好要讓狗狗試穿一下,看看肩形是否與背帶吻合,也要注意材質是否容易磨傷毛皮,以避免因摩擦造成狗狗的不適。

有多種變化的背包,讓狗狗備受寵愛。

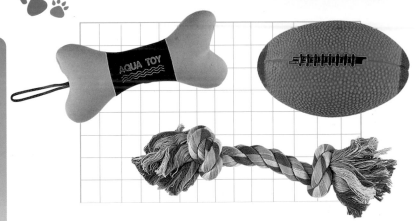

外出時可在狗狗的背包中放進一些狗狗專用的物品,如在外清理排泄物的報紙、塑膠袋,但要注意的是,狗用背包的美觀性大於實用性,因此最好不要放入超過1公斤的物品,以免超出背包本身的負荷。

耍帥我在行

〈〈〈〈〈〈〈〈〈

🐾 拉風小領巾

　　想幫狗狗做出帥氣的打扮嗎？出門前別忘了幫狗狗圍上一條拉風小領巾，這會讓狗狗看起來更神氣哦！而秋冬時為狗狗圍上一條小領巾，也能達到喉部保暖的功能。

花邊設計的的小領巾，適合秀氣的狗狗。

🐾 方形小領巾為狗狗妝點帥氣風格

領巾打法示範

選購一條漂亮的頸圈，帶狗狗一起出門去遛遛吧！

1 將領巾對折成三角形

2 將領巾圍上狗狗的脖子

3 在領巾兩端打結固定

4 注意要留下約二指寬的空隙，以方便通風、並避免因領巾太緊，使狗狗感到不適

幫狗狗選條個性十足的項圈吧！

　　自從輸入晶片取代傳統識別牌以後，帶頸圈、掛狗牌的狗狗也因之減少。不過，除了方便配掛識別牌以外，狗狗掛頸圈也有外出時繫上溜狗繩，以及裝飾的功用。

🐾 頸鍊妝點藝術風格

　　除了傳統的頸圈之外，市面上也出現了相當具有手工藝品風格的頸鍊，這些頸鍊有別於過去傳統頸圈的實用性，也更能裝扮出狗狗的特色與造型美感。

賣力演出的模特兒群

燈光美、氣氛佳，一切準備就緒。
拍攝經驗豐富的攝影師拿著攝影機，面對著不
肯合作的模特兒們，疲於奔命的捕捉畫面，
想拍正面、牠偏偏就用屁股向著鏡頭，
任旁人怎麼呼喚也不轉過頭來……．
這就是拍攝過程中人仰狗翻的狀況，
不過誰又忍心責怪這些天真、可愛的狗狗呢？

狗界的陽光男孩

拍完沒？
好餓喔～

🐾 **皮皮**

🐾 犬種：博美犬

🐾 芳齡：2歲半

🐾 性別：男生

小編評語

看來熱情有
勁的笑容，
其實……

生就一副「一見你就笑」的表情，加上全身圓滾滾的造型，讓皮皮相當討喜。事實上，拍攝時牠看起來「面帶微笑」，實際上卻不斷煩躁的想跳下美容桌子逃之夭夭。雖然明知皮皮不好惹，但看到牠陽光男孩般的笑臉，小編還是很想伸手去摸，卻換來美容老師「小心，牠愛咬人！」的忠告…，真是狗不可貌相啊！

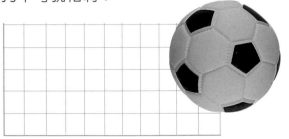

99

SET PO

具有皇后般高貴氣質

我這樣的高貴
髮型，可不是
每一隻狗都可
以梳成的。

🐾 **美智子**

🐾 犬種：貴賓犬

🐾 芳齡：2歲半

🐾 性別：女生

小編評語

狗如其名

美智子是美容師星慧的狗狗，由於媽媽是美容師，自然每天洗得香噴噴、妝得美美的。加上牠秀氣的造型和優雅的動作，真的讓人覺得有種皇族的氣質呢！

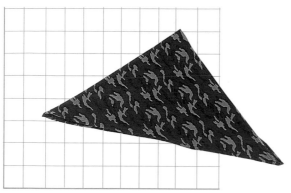

實在看不出是兩隻「大」狗的媽

> 嘿嘿！看不出來我是兩個孩子的媽吧！

小蘋果
- 犬種：西施犬
- 芳齡：2歲半
- 性別：女生

小編評語

保養得真好

專業架勢十足

> 酷不酷？

丹丹
- 犬種：雪納瑞
- 芳齡：3歲
- 性別：男生

小編評語

不愧為狗界紅星

　　紮了兩個小蝴蝶結的小蘋果，個性溫柔又愛與人親近，據身為飼主的吳錦雀老師說，小蘋果相當有人緣，是吳老師美容學院裡的鎮店之寶。從牠嬌小可愛的外型，實在看不出牠已經是上有公婆、下有兒女的媽媽級狗兒，真是保養有方～

　　常常在電視雜誌上曝光的丹丹，可以說具有高知名度的狗明星，無論是打領巾、戴墨鏡都OK，相當專業。

DOG'S

實在看不出是小蘋果的兒子

我是小蘋果的兒子

🐾 艾倫
🐾 犬種：西施犬
🐾 芳齡：6個月
🐾 性別：男生

小編評語

頭好壯壯個性溫和

　　艾倫雖然才半歲，但是體型已經很壯碩。如果不是吳老師的介紹，真的很難想像牠是體型嬌小的小蘋果的兒子。不拍照的時候，艾倫總是乖乖的待在旁邊休息，是隻個性溫和的小狗。

DOG'S

個性倔強的小妮子

人家好睏喔，到底讓不讓我回去睡覺啊！？

🐾 妮妮
🐾 犬種：西施犬
🐾 芳齡：6個月
🐾 性別：女生

小編評語

唉…辛苦的美容老師和攝影師

　　和艾倫是同胞兄妹的妮妮，與艾倫就像是同一個模子刻出來的。妮妮很有自己的主見，轉來轉去就是不肯面對鏡頭，無論老師們拿著玩具、零嘴引誘，仍然不為所動，外柔內剛、折煞人也。

SET DO

狗如其型

喝！不能動了，腳都麻掉了。

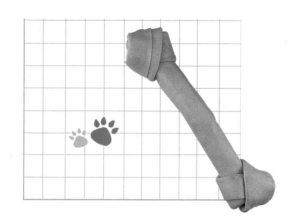

Elephant
犬種：貴賓犬
芳齡：6歲
性別：男生

以「運動型」造型出現的黑貴賓，果然狗如其型～相當具有運動細胞，在鏡頭前不停走來走去不肯安靜，謀殺了不少底片。

小編評語
謀殺底片的運動高手

簡直就是甘道夫

我這鬍子留得很性格吧！

犬種：拉薩
芳齡：3歲
性別：男生

有看過魔戒系列電影的人應該還記得那個鬍子長長、白髮飄飄的巫師甘道夫。怎樣，像吧？

小編評語
沒有話說，太～像了！

八成是火象星座的

別惹我，否則別怪我對你不客氣。

尼尼
迷你瑪爾濟斯
芳齡：1歲半
性別：男生

個子很小，但是叫聲卻出奇宏亮，而且似乎不會累，精力相當充沛。

小編評語
脾氣要改改喔～

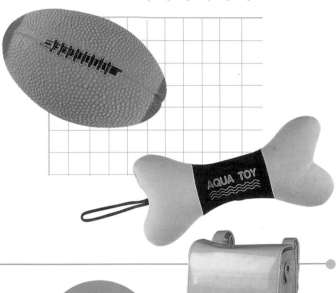

害羞的妹妹

真想逃走，可是好高喔，實在不知道從哪裡逃。

犬種：迷你約克夏
芳齡：2歲
性別：女生

在所有狗狗模特兒中，最安靜的一隻。但可能是因為太害怕、四肢發軟，使牠從頭到尾幾乎都保持縮成一團的姿勢。

小編評語
原來文靜的狗也很難拍～

抖抖狗真狗版

> 我沒有發抖，我只是比較害羞而已，真的！我沒有發抖喔！

乖乖
犬種：瑪爾濟斯
芳齡：1歲半
性別：男生

小編評語
地震了嗎？

白色短毛加上面對鏡頭全身發抖，如同曾風行一時的日本卡通造型品牌「抖抖狗」真狗版，可憐又可愛。

美麗飄逸的長毛

> 我是男生～漂亮的男生～

Evonne
犬種：馬爾濟斯
芳齡：2歲
性別：男生

小編評語
真的好像假的喔…．

保養得飄逸輕柔的白色長毛，加上圓亮的黑眼睛，讓Evonne完美得像隻可以放在桌上裝面紙的狗娃娃。不過可別被牠柔美的外表騙了，其實Evonne可是如假包換的男生喔！

敬業表演出浴鏡頭

> 洗了個澡，香噴噴的，很舒服喔！

因為個性溫順，因此被美容師選中拍攝洗澡過程的CASH，相當乖巧配合，也讓洗澡過程拍攝得出奇順利。

CASH
犬種：博美狗
芳齡：3歲
性別：男生

小編評語
真是辛苦了～

99

Dogs

★吳錦雀老師美容學院成員屢屢
於大型美容比賽中獲獎。

吳錦雀老師
寵物美容學院技術指導

感謝美容老師們熱情協助本書製作

　　熱心親切的吳錦雀老師，十餘年前由專業美容護膚沙龍毅然投身寵物美容界，目前吳老師開設多家連鎖寵物美容學院，提供寵物美容服務與專業教學工作，並擔任中華民國愛犬美容協會的評審員，豐富的經驗和致力推動美容教學的熱誠，也讓吳老師成為寵物美容界的名人，並屢屢於各大寵物美容展上獲獎。

　　因此，本書特邀吳老師擔任美容顧問，吳老師除了義務協助找尋狗模特兒、提供場地，更對書中的內容做深入的技術指導，希望能協助讀者對寵物美容有更進一步的瞭解。

　　特別感謝吳錦雀老師以及吳星慧、張月美、蔡妙慧等專業美容師提供的專業示範，使本書能為讀者提供更多關於美容、護理的正確資訊。

★吳老師投身寵物美容教學十餘年，許多優秀的美容師都出自其門下（左為專業寵物美容師張月美）

★身為寵物界名人，吳老師經常受邀擔任寵物節目來賓

大都會文化 讀者服務卡

書號：Pets-004　書名：愛犬造型魔法書－讓你的寶貝漂亮一下

謝謝您選擇了這本書！期待您的支持與建議，讓我們能有更多聯繫與互動的機會。日後您將可不定期收到本公司的新書資訊及特惠活動訊息。

A. 您在何時購得本書：_____年_____月_____日

B. 您在何處購得本書：_____書店，位於_____(市、縣)

C. 您購買本書的動機：（可複選）1.□對主題或內容感興趣 2.□工作需要 3.□生活需要 4.□自我進修 5.□內容為流行熱門話題

　　6.□其他_____

D. 您最喜歡本書的：（可複選）1.□內容題材 2.□字體大小 3.□翻譯文筆 4.□封面 5.□編排方式 6.□其他_____

E. 您認為本書的封面：1.□非常出色 2.□普通 3.□毫不起眼 4.□其他_____

F. 您認為本書的編排：1.□非常出色 2.□普通 3.□毫不起眼 4.□其他_____

G. 您希望我們出版哪類書籍：（可複選）1.□旅遊 2.□流行文化 3.□生活休閒 4.□美容保養 5.□散文小品 6.□科學新知

　　7.□藝術音樂 8.□致富理財 9.□工商企管 10.□科幻推理 11.□史哲類 12.□勵志傳記 13.□電影小說

　　14.□語言學習（___ 語）15.□幽默諧趣 16.□其他_____

H.您對本書(系)的建議：_____

_____

I.您對本出版社的建議：_____

_____

讀 者 小 檔 案

姓名：_____　　性別：□男 □女　　生日：_____年_____月_____日

年齡：□20歲以下 □21～30歲 □31～40歲 □41～50歲 □51歲以上

職業：1.□學生 2.□軍公教 3.□大眾傳播 4.□服務業 5.□金融業 6.□製造業 7.□資訊業 8.□自由業 9.□家管 10.□退休

　　11.□其他 _____　 _____

學歷：□ 國小或以下 □ 國中 □ 高中／高職 □ 大學／大專 □ 研究所以上

通訊地址：_____

電話：（H）_____　（O）_____　傳真：_____

行動電話：_____　**E-Mail**：_____

大都會文化事業圖書目錄

直接向本公司訂購任一書籍，一律八折優待（特價品不再打折）

度小月系列

路邊攤賺大錢【搶錢篇】	定價280元
路邊攤賺大錢2【奇蹟篇】	定價280元
路邊攤賺大錢3【致富篇】	定價280元
路邊攤賺大錢4【飾品配件篇】	定價280元
路邊攤賺大錢5【清涼美食篇】	定價280元
路邊攤賺大錢6【異國美食篇】	定價280元
路邊攤賺大錢7【元氣早餐篇】	定價280元
路邊攤賺大錢8【養生進補篇】	定價280元
路邊攤賺大錢9【加盟篇】	定價280元
路邊攤賺大錢10【中部搶錢篇】	定價280元

流行瘋系列

跟著偶像FUN韓假	定價260元
女人百分百－男人心中的最愛	定價180元
哈利波特魔法學院	定價160元
韓式愛美大作戰	定價240元
下一個偶像就是你	定價180元
芙蓉美人泡澡術	定價220元

DIY系列

路邊攤美食DIY	定價220元
嚴選台灣小吃DIY	定價220元
路邊攤超人氣小吃DIY	定價220元

人物誌系列

皇室的傲慢與偏見	定價360元
現代灰姑娘	定價199元
黛安娜傳	定價360元
最後的一場約會	定價360元
船上的365天	定價360元
優雅與狂野－威廉王子	定價260元
走出城堡的王子	定價160元
殞逝的英格蘭玫瑰	定價260元
漫談金庸－刀光·劍影·俠客夢	定價260元
貝克漢與維多利亞	定價280元
瑪丹娜－流行天后的真實畫像	定價280元
紅塵歲月－三毛的生命戀歌	定價250元
從石油田到白宮－小布希的崛起之路	定價280元
風華再現－金庸傳	定價260元

City Mall系列

別懷疑，我就是馬克大夫	定價200元
就是要賴在演藝圈	定價180元
愛情詭話	定價170元
唉呀！真尷尬	定價200元

精緻生活系列

另類費洛蒙	定價180元
女人窺心事	定價120元
花落	定價180元

發現大師系列

印象花園－梵谷	定價160元
印象花園－莫內	定價160元

印象花園－高更	定價160元
印象花園－寶加	定價160元
印象花園－雷諾瓦	定價160元
印象花園－大衛	定價160元
印象花園－畢卡索	定價160元
印象花園－達文西	定價160元
印象花園－米開朗基羅	定價160元
印象花園－拉斐爾	定價160元
印象花園－林布蘭特	定價160元
印象花園－米勒	定價160元
印象花園套書（12本）	定價1920元
	（全套特價1499元）

Holiday系列

| 絮語說相思 情有獨鐘 | 定價200元 |

工商管理系列

二十一世紀新工作浪潮	定價200元
美術工作者設計生涯轉轉彎	定價200元
攝影工作者快門生涯轉轉彎	定價200元
企劃工作者動腦生涯轉轉彎	定價220元
電腦工作者滑鼠生涯轉轉彎	定價200元
打開視窗說亮話	定價200元
七大狂銷策略	定價220元
挑戰極限	定價320元
30分鐘教你提昇溝通技巧	定價110元
30分鐘教你自我腦內革命	定價110元
30分鐘教你樹立優質形象	定價110元

30分鐘教你錢多事少離家近	定價110元
30分鐘教你創造自我價值	定價110元
30分鐘教你Smart解決難題	定價110元
30分鐘教你如何激勵部屬	定價110元
30分鐘教你掌握優勢談判	定價110元
30分鐘教你如何快速致富	定價110元
30分鐘系列行動管理百科（全套九本）	
	定價990元

（特價799元，加贈精裝行動管理手札一本）

| 化危機為轉機 | 定價200元 |

親子教養系列

| 兒童完全自救寶盒 | 定價3,490元 |

（五書+五卡+四卷錄影帶 特價2,490元）

孩童完全自救手冊－

| 這時候…你該怎麼辦？ | 定價299元 |

語言工具系列

| NEC新觀念美語教室 | 定價12,450元 |

（共8本書48卷卡帶 特價 9,960元）

寵物當家系列

Smart養狗寶典	定價380元
Smart養貓寶典	定價380元
貓咪玩具魔法DIY	
－讓牠起舞的55種方法	定價220元

大都會文化事業有限公司
台北市信義區基隆路一段 432號 4樓之 9
電話：（02）27235216（代表號）
傳真：（02）27235220（24小時開放多加利用）

e-mail：metro@ms21.hinet.net
劃撥帳號：14050529
戶名：大都會文化事業有限公司